Tao Wetenschap

Tao Wetenschap

*De wetenschap, wijsheid,
en beoefening van Creatie
en Grote Eenwording*

DR. EN MASTER

Zhi Gang Sha

&

Dr. Rulin Xiu

Heaven's ⟨ Library

Waterside Productions
2055 Oxford Ave.
Cardiff, CA 92007
www.waterside.com

Heaven's Library Publication Corp.
30 Wertheim Court, Unit 27D
Richmond Hill, ON L4B 1B9
heavenslibrary@drsha.com

Vertaald door: Renée Henkemans

ISBN-13: 978-1-954968-65-3 print on demand editie
ISBN-13: 978-1-954968-66-0 e-book uitgave

Ontwerp: Lynda Chaplin

Illustraties: Henderson Ong

Inhoud

Inleiding

Onze reis naar de Tao wetenschap

ONZE REIS NAAR de Tao Wetenschap is de ontmoeting van twee zielen die een totaal verschillend levenspad volgden. Dr. en Master Zhi Gang Sha volgde het pad van dienstbaarheid om de hele mensheid te dienen. Het pad van dienstbaarheid is de hoogste spirituele beoefening. Door Dr. en Master Sha's onvermoeibare en onbaatzuchtige dienstbaarheid met heel zijn hart, heeft de Schepper aan Master Sha de diepe wijsheid, diepgaande kennis, effectieve oefeningen en wonderbaarlijke krachten geschonken om de mensheid te helpen evolueren naar een hoger niveau. Deze wijsheid, kennis en oefeningen zijn eenvoudig en krachtig. Ze hebben het leven van miljoenen mensen geheeld, getransformeerd en naar een hoger plan getild. Master Sha heeft ook duizenden studenten onderwezen en begeleid op de reis om Tao te bereiken. Tao is de ultieme Bron. Tao bereiken is een staat van volledige vrijheid, liefde, kracht, gelukzaligheid en verlichting bereiken, inclusief het bereiken van onsterfelijkheid.

Op deze reis verscheen een student genaamd Dr. Rulin Xiu. Dr. Xiu, kwantumfysicus en snaartheoreticus, werd geraakt en geïnspireerd door Master Sha's onderricht, wijsheid, kennis en oefeningen, en vooral door zijn onbaatzuchtige en onvermoeibare dienstbaarheid aan de mensheid. Master Sha's onderricht, healing en zegening bekrachtigden haar om Tao wijsheid te helpen integreren in de wetenschap. Samen hebben zij de Tao wetenschap gecreëerd en zijn vereerd dit in dit boek te mogen introduceren. De ervaring van Dr. Xiu met het werken aan de Tao wetenschap illustreert wat voor iedereen mogelijk is, wanneer men de wijsheid en beoefening van Tao, de ultieme Bron, toepast. Ze is verheugd om haar reis met jou te delen.

Dr. Rulin Xiu's reis

Ik ben opgegroeid in Xi'an, een van de oudste en grootste steden van China en nu de hoofdstad van de provincie Shaanxi. Veel mensen kennen de stad van het levensgrote terracottaleger uit de graftombe van de eerste keizer van China.[1]

Als kind toonde ik al enig talent in wiskunde en wetenschappen. Nadat ik mijn middelbare schooldiploma had behaald, werd ik toegelaten op de Universiteit voor Wetenschap en Technologie van China (USTC) in Hefei, provincie Anhui. In die tijd was de USTC de toonaangevende universiteit in China voor wetenschap en technologie. Deze behoort tot de top negen van universiteiten in China. Alle USTC-studenten behoren tot de besten van hun middelbare schoolklassen. De academische sfeer van de USTC was behoorlijk competitief. De USTC was de opleidingsplek voor de Chinese Academie van Wetenschappen, het topinstituut voor wetenschappelijk onderzoek in China.

In mijn eerste jaar op de universiteit gaf een vriend mij een klein boekje genaamd *Physics and Simplicity* (Vert.: *Natuurkunde en Eenvoud)* van de Amerikaanse kwantumfysicus John Wheeler. Dit kleine boekje veranderde mijn leven volledig.

John Wheeler was de laatste nog levende natuurkundige die samenwerkte met zowel de Nobelprijswinnaars Albert Einstein, de grondlegger van de relativiteitstheorie, als met Niels Bohr, een van de belangrijke grondleggers van de kwantumfysica. Gedurende vele jaren werkten Wheeler en zijn studenten aan de verzoening van de kwantumfysica met de relativiteit om te komen tot een verenigde natuurkundige theorie die beide omvat. Wheeler is ook bekend geworden door het populariseren van de term "zwart gat", door het bedenken van de termen "neutronenmoderator", "kwantumschuim", "wormgat"

---

[1] Qin Shi Huang (秦始皇), 259–210 v.Chr.

en "it from bit" en door zijn hypothese over het "heelal met één elektron".

John Wheeler had een serie lezingen gegeven aan de USTC, een paar jaar voordat ik in 1982 ging studeren. Zijn boekje, *Physics and Simplicity*, was een compilatie van die lezingen. Een van de ideeën in het boek inspireerde mij zeer. Het idee is om één theorie te ontwikkelen om alles en iedereen te verklaren en te begrijpen. Dit idee is de droom van sommige mensen. Veel natuurkundigen noemen het de Grote Eenwordingstheorie (GUT—Grand Unification or Unified Theory). In de natuurkunde houdt de GUT in dat één wiskundige formule wordt gebruikt om alles in de kosmos te verklaren. Het is de heilige graal van de moderne natuurkunde. Tot de vooraanstaande natuurkundigen die aan dit probleem hebben gewerkt, behoren Isaac Newton en Albert Einstein.

Op achttienjarige leeftijd wist ik al diep in mijzelf, zonder het iemand te vertellen, dat het ontwikkelen van de GUT een van mijn taken is in dit leven. Ik heb geen andere keuze dan deze taak te volbrengen.

John Wheeler's boek wakkerde ook mijn interesse aan in de kwantumfysica en de relativiteitstheorie. In feite raakte ik er volledig door geobsedeerd. Ik volgde de lessen niet meer en besteedde het grootste deel van mijn tijd aan het lezen van papers en boeken van de grondleggers van de kwantumfysica. Een vriend gaf me een boek met de complete verzameling van Einsteins wetenschappelijke verhandelingen. Ik las het boek verschillende keren.

Ik begon ook filosofie- en zelfs psychologieboeken te lezen. Intuïtief wist ik dat een volledig begrip van de kwantumfysica ook ons bewustzijn en een dieper begrip van ons bestaan moest omvatten. Maar hoe meer boeken ik las, hoe meer ik in verwarring raakte. Ik was niet alleen in verwarring bij mijn pogingen de kwantumfysica te begrijpen. Een van mijn favoriete kwantumfysici, Nobelprijswinnaar Richard Feynman, zei ooit: "Ik denk dat ik gerust kan zeggen dat

niemand de kwantummechanica begrijpt." Een andere Nobelprijswinnaar voor natuurkunde, Steven Weinberg, gaf openhartig toe:
"Er is nu naar mijn mening geen volledig bevredigende interpretatie
van de kwantummechanica."

Ik heb veel van mijn studententijd doorgebracht met het lezen van
The Feynman Lectures on Physics. (Vert.: *The Feyman lezingen over natuurkunde.*) Ik had echter niet het geluk Prof. Feynman te ontmoeten.
Toen ik in 1989 aan de Universiteit van Californië in Berkeley ging
studeren, was hij al overleden (15 februari 1988) aan twee zeldzame
vormen van kanker.

Ik heb wel de kans gekregen om Steven Weinberg te ontmoeten. Hij
woonde in 1995 mijn seminar bij in de Theoriegroep van de afdeling
Natuurkunde aan de Universiteit van Texas en maakte enkele
scherpzinnige opmerkingen over mijn onderzoek naar snaarfenome-
nologie en de Grote Eenwordingstheorie. Steven Weinberg heeft
baanbrekend werk verricht op het gebied van de eenwording van
zwakke en elektromagnetische interacties en voorspelde het bestaan
van het Higgsboson, in de volksmond bekend als het "Godsdeeltje".
De verschijning van dit deeltje biedt een manier om te verklaren hoe
andere deeltjes aan hun massa komen.

Gefrustreerd door het feit dat ik de kwantumfysica niet goed begreep, richtte ik mijn aandacht op het oplossen van wiskundige problemen in de fysica, zoals de meeste fysici. Mijn afstudeeronderzoek
op Berkeley bestond uit het bestuderen van de snaartheorie als GUT.
De snaartheorie is een tak van de kwantumfysica die bestudeert hoe
de beweging van een snaar alle deeltjes en krachten kan creëren die
in de natuur voorkomen.

In 1994 promoveerde ik vrij gemakkelijk in de natuurkunde. Mijn
proefschrift was getiteld: "Grand Unification Theory and String Theory." (Vert.: Grote Eenwordingstheorie en Snaartheorie.) Daarna
zette ik mijn onderzoek naar de GUT voort in het Houston Advanced

Research Center, maar hoe ik ook mijn best deed, ik kon niet de vooruitgang boeken die ik echt wilde met de GUT. Ik was ook niet de enige met deze blokkade. Veel briljantere theoretische fysici dan ik hebben dezelfde ervaring gehad. Steve Weinberg verwoordde de situatie goed: "Hoe meer het universum begrijpelijk lijkt, hoe meer het ook zinloos lijkt."

In 1996 begon ik, in een poging om een vriend te helpen met zijn zaken in China, zelf ook zaken te doen. Als gevolg daarvan vergat ik volledig mijn droom om de GUT te vinden totdat ik Master Sha ontmoette in 2009, zo'n dertien jaar nadat ik mijn academische bezigheden had stopgezet.

In 2003 verhuisde ik naar Hawaï om een fabriek op te zetten voor mijn nieuwe bedrijf. De diepe spirituele traditie in Hawaï opende mij voor het wonderbaarlijke spirituele rijk. Tijdens een spirituele viering had ik een diepgaande ontmoeting met de Divine. De Divine liet me het meest diepgaande geheim over hemelse liefde ervaren en beseffen: *Alles en iedereen in de wereld is de liefde van de Divine.* Er is alleen liefde. Liefde is de enige waarheid. Liefde is het enige bestaan. De ervaring van hemelse liefde veranderde mijn leven volledig. Mijn leven werd gelukzalig en een stroom van wonderen. Bijna elke gedachte die ik had leek zich bijna onmiddellijk te manifesteren. Ik werd ook geleid om mijn spirituele leraar te ontmoeten, Dr. en Master Sha.

Op 9 september 2009 werd ik door een vrouwelijke kahuna aangespoord om een workshop van Master Sha bij te wonen in mijn buurt op het Grote Eiland van Hawaii. Een kahuna is een gerespecteerd medium en priester in Hawaii die boodschappen uit het spirituele rijk kan ontvangen om te helpen bij menselijke aangelegenheden. In het verleden waren kahuna's op hoog niveau vertrouwde raadgevers voor koningen en koninginnen bij hun belangrijkste beslissingen.

Master Sha maakte vanaf het begin indruk op me. Hij begon de workshop zonder te weten waar hij het over zou gaan hebben. Hij checkte en vertelde ons dat hij de boodschap had ontvangen dat hij ons die dag onderricht moest geven over Tao.

Over Tao leren is altijd al een van mijn passies geweest. Op de universiteit voelde ik al aan dat Tao de sleutel zou kunnen zijn tot de GUT. Toen ik naar de Verenigde Staten kwam voor mijn doctoraalstudie, bracht ik veel boeken over Tao mee. Ik las ze bijna dagelijks. Ik ben er echter nooit achter gekomen hoe ik de Tao wijsheid op de GUT kon toepassen.

De manier waarop Master Sha Tao onderricht gaf verbaasde me. Ik heb nog nooit zo'n diepgaande kennis in zo'n eenvoudige en duidelijke taal horen uitleggen. Master Sha's healingkracht was ook werkelijk verbazingwekkend. Als ik het niet met eigen ogen had gezien, zou ik het niet geloofd hebben. Maar wat mijn hart echt raakte, was zijn volledige toewijding om anderen en de mensheid te dienen.

Na de workshop, toen Master Sha zijn boeken voor mij signeerde, vertelde ik hem dat ik zijn student wilde worden. Ik wist op dat moment niet dat Master Sha's wijsheid, kennis en healingwerk de sleutel bevatte om de GUT te ontsluiten. Zijn student worden was een van de belangrijkste stappen die ik ooit gezet heb op mijn reis naar een bevredigende oplossing voor de GUT. Na die gedenkwaardige dag woonde ik bijna elke workshop van Master Sha bij om te leren over de ziel, soul healing en Tao.

Een van de spirituele vaardigheden waarin Master Sha studenten traint om te ontwikkelen, is het openen van onze spirituele communicatiekanalen om boodschappen, beelden, geluiden, woorden en andere informatie uit de kosmos te ontvangen. Deze spirituele kanalen omvatten het Zielentaal Kanaal, het Directe Zielencommunicatie Kanaal, het Derde Oog Kanaal, en het Direct Weten Kanaal. Master Sha's vermogen om informatie te ontvangen is verbazingwekkend. Zijn onderricht en boeken komen allemaal voort uit "flow", wat betekent dat hij zich verbindt met de Bron en de informatie door zijn spraak laat stromen. Tijdens sommige workshops heeft hij delen van zijn boeken laten stromen. Het is heel bijzonder om dit mee te maken. De hemel opent zich letterlijk en laat schatten, nectar, juwelen, parels en allerlei wijsheid op ons neerdalen. Om in zijn aanwezigheid te zijn gaat woorden te boven.

Master Sha zei een paar keer in zijn workshops dat kwantumfysica de fysica van de ziel is. Ik zat daar maar en probeerde deze uitspraak te begrijpen. Uiteindelijk, in een van deze workshops, had ik een "aha!" moment. Ik realiseerde me plotseling dat het mogelijk is om de kwantumfysica te gebruiken om de ziel wiskundig te beschrijven. Ziel is niet zo mysterieus en voorbij deze fysieke wereld als de meesten van ons normaal gesproken denken! Het kan gedefinieerd worden als een fysieke grootheid, vergelijkbaar met massa, gewicht, kracht en lading.

Ik vertelde Master Sha over deze realisatie. Hij zag onmiddellijk de betekenis ervan in. En zo begonnen we met de creatie van het Soul Mind Body Science System[2], dat op zijn beurt de weg vrijmaakte voor de Tao wetenschap. Het proces van de creatie van het Soul Mind Body Science System en de Tao wetenschap is een prachtige reis geweest. Het zou nog een boek of twee vergen om je door deze spectaculaire kosmische pelgrimstocht te leiden. Ik zal hier slechts een paar hoofdpunten noemen.

Ten eerste heeft Master Sha spiritueel een Soul Mind Body Science System Committee en een Tao Science Committee opgericht. Samen omvatten deze comités honderdelf bekende en onbekende heiligen en wetenschappers in de Hemel en historisch gezien op Moeder Aarde.

---

[2] Dr. en Master Zhi Gang Sha & Dr. Rulin Xiu: *Soul Mind Body Science System: Grand Unification Theory and Practice for Healing, Rejuvenation, Longevity, and Immortality.* (Vert.: Grote Eenwordingstheorie en Beoefening voor healing, verjonging, een lang leven en onsterfelijkheid.) Dallas/Toronto: BenBella Books/Heaven's Library Publication Corp., 2014.

Ten tweede verwijderde Master Sha spiritueel allerlei blokkades die verhinderden dat zo'n wetenschap tot stand kwam. Dit proces omvatte een karmareiniging voor de wetenschap en voor mij. We zullen in dit boek nog veel meer over karma spreken, met name in hoofdstuk tien.

Ten derde heeft Master Sha de wijsheid, kennis en praktische technieken van het Soul Mind Body Science System en de Tao Science in spirituele vorm aan hemzelf en mij overgedragen.

Ten vierde schreef Master Sha één-penseelstreek (*yi bi zi*, 一笔字) Tao kalligrafieën met de zinnen: "Soul Mind Body Science System" en "Tao Science" in het Chinees. Hij bracht miljarden heiligen en heilige dieren uit de Tao rijken over naar deze kalligrafieën. We zullen meer vertellen over de kracht en betekenis van Tao Kalligrafie in hoofdstuk negen.

Dit spirituele werk is essentieel geweest voor het creëren van het Soul Mind Body Science System en de Tao wetenschap. Elke dag mediteer ik vóór de kalligrafieën en vraag de Divine, Tao, het Soul Mind Body Science Comité, het Tao Science Comité, heiligen en heilige dieren mij te leiden in onze creatie van het Soul Mind Body Science System en de Tao wetenschap. Lao Zi, de Boeddha, Maya-heiligen, Richard Feynman, Isaac Newton, Albert Einstein en vele anderen zijn in spirituele vorm aan ons verschenen om ons te helpen. Zonder hun hulp en ondersteuning zouden we nooit zo'n mooi en krachtig wetenschappelijk kader hebben kunnen ontvangen om het fysieke, spirituele en bewuste bestaan als één geheel te verenigen. Zonder hun hulp hadden we nooit tot de wiskundige beschrijving van de Tao wetenschap kunnen komen en dit boek kunnen schrijven. We zijn zo dankbaar voor alle hulp die we hebben gekregen bij het creëren van het Soul Mind Body Science System en de Tao wetenschap.

Op een dag in januari 2013 sprak ik met Master Sha over mijn droom om met de oplossing voor de GUT te komen. Master Sha sloot zijn ogen. Dit is de manier waarop hij zich gewoonlijk verbindt met Tao, de ultieme Bron. Toen hij zijn ogen opende, pakte hij een pen en schreef de volgende formule op:

$$S + E + M = 1$$

Hij zei: "Dit is de grote eenwordingsformule."

Ik keek naar de formule, verbaasd over de eenvoud, maar totaal onbegrijpelijk. Ik vroeg Master Sha, "Wat zijn S, E, en M in de formule?"

Hij vertelde me: "S is *shen* (神), dat omvat ziel, hart, en geest. E is *energie*. M is *materie*. Het getal '1' vertegenwoordigt het grote eenheidsveld." Deze formule bevat alles en iedereen. Het bevat alle wijsheid en oefeningen. Het bevat alle wetten en principes. Het bevat alle healing en verjonging. Het bevat transformatie voor elk aspect van het leven.

De laatste jaren heb ik geprobeerd deze formule volledig te begrijpen. Soms heb ik het gevoel dat ik hem echt begin te begrijpen. Er zijn zelfs momenten dat ik denk dat ik tot een volledig begrip ben gekomen. Maar het volgende moment of de volgende dag besef ik dat ik er bijna niets van weet.

Ik ben zo nederig door en dankbaar voor dit proces van ontvangen. Werkelijk, de Tao wetenschap, de Grote Eenwordingstheorie die we van de Divine en Tao hebben ontvangen, is krachtiger, mooier, diepgaander en bevredigender dan alles wat ik me ooit had kunnen voorstellen of waarvan ik had kunnen dromen. Deze wetenschap, wijsheid, kennis en beoefening worden nu aan de mensheid gegeven omdat zij dringend nodig zijn om de mensheid en Moeder Aarde te redden.

Op 6 augustus 2014 was ik aan de telefoon met Master Sha en Master Sha's assistente, Master Cynthia, om het tweede boek van deze serie, *Soul Mind Body Science System, voor de laatste keer door te lezen: Grand Unification Theory and Practice for Healing, Rejuvenation, Longevity, and Immortality* (Vert.: *Grote Eenwordingstheorie en Beoefening voor healing, verjonging, een lang leven en onsterfelijkheid.*) Zittend op het balkon van mijn huis aan de oceaan op het Grote Eiland van Hawaii, zag ik en maakte ik een opmerking over het feit dat de golven van de oceaan ongewoon dicht bij mijn huis kwamen, op minder dan dertig meter afstand. Door hun Derde Oog zagen zowel Master Sha als Master Cynthia het spirituele beeld dat mijn huis weggevaagd zou worden door de golven van de oceaan. Zij drongen er bij mij op aan het huis onmiddellijk te verlaten met alleen de meest noodzakelijke bezittingen.

Ik haalde de Tao Kalligrafie rollen van Master Sha van de muur, pakte wat kleren en mijn laptop en riep mijn twee honden om in de auto te stappen. Maar de golven hadden de weg vanaf de garage al geblokkeerd. Omdat het niet veilig was om te rijden, liep ik met mijn twee honden mijn terrein af.

Ik bleef een nacht in het huis van mijn vrienden terwijl de zware storm gierde. De volgende dag, toen het weer kalmer was, brachten mijn vrienden me naar wat mijn huis was geweest. We waren geschokt toen we ontdekten dat mijn huis het enige huis op alle Hawaiiaanse eilanden was dat volledig door de storm was verwoest.

Golven waren binnengedrongen hadden het hele huis verwoest. Het hele dak lag op de grond en de meeste van mijn bezittingen waren weggespoeld. Mijn auto, koelkast en wasmachine waren honderden meters weggespoeld en waren uiteindelijk vast komen te zitten tussen de kokospalmen. Toen ik met mijn vrienden rondliep, was ik zo geschokt door de kracht van de natuur dat ik niet kon praten, denken of iets doen.

Uiteindelijk, toen we achterin de auto zaten en wegreden, huilde ik. Ik huilde niet om het verlies van mijn huis en bezittingen. Ik had er vaak aan gedacht om het huis af te breken en er mijn droomhuis voor in de plaats te bouwen. Nu deed de Divine het werk voor mij. Ik huilde omdat ik eigenlijk wist dat deze "ramp" de hoogste liefde van de Divine voor mij was. Het was de dringende oproep van de Divine aan mij om erop uit te gaan om hemelse liefde, het Soul Mind Body Science System en de Tao wetenschap te verspreiden.

Ik had deze boodschap al eerder van de Divine ontvangen. Een keer tijdens een meditatie openbaarde de Divine aan mij de verschrikkelijke rampen die de mensheid te wachten staan. De Divine vertelde me: "Als je geen actie onderneemt, is dit wat er zal gebeuren met de mensheid en Moeder Aarde." Op dat moment was ik geschokt. Ik wist niet dat ik er zoveel toe kon doen.

Toen ik zag wat er met mijn huis was gebeurd, besefte ik eindelijk de ernst van de boodschap en hoe dringend die was in het hart van de Divine. En dus was ik tot tranen toe geroerd. Ik kon de liefdevolle stem van de Divine horen, zachtjes tot mij sprekend:

"Mijn geliefde dochter, Rulin, het is tijd voor jou om op te staan om mijn boodschapper te zijn en de mensheid wakker te maken voor mijn liefde. Het is tijd voor jou om de mensheid te doen ontwaken voor hun ziel, voor het oneindige potentieel in ieder menselijk wezen. Het is tijd voor jou om te reizen en de wijsheid, kennis en beoefening van hemelse liefde, het Soul Mind Body Science System en de Tao wetenschap te verspreiden, zodat de mensheid naar een hoger plan kan worden getild."

In de liefde en op aandrang van de Divine, begon ik aan een nieuw hoofdstuk van mijn leven. Mijn leven is enorm getransformeerd. In mei 2015 werd ik door Master Sha benoemd tot een van zijn discipelen en Wereldwijde Vertegenwoordigers en tot Divine Channel. Het is werkelijk de hoogste eer in al mijn levens. De verhoging die ik voelde met deze benoemingen gaat alle woorden of bevattingsvermogen te boven.

Deze grootste verhoging gaat gepaard met de grootste vermogens, maar ook met de grootste verantwoordelijkheden en zuivering. Ik realiseer me dat elk woord dat ik spreek, elke gedachte die ik heb, elke aanblik die ik zie, elk geluid dat ik hoor, elk gevoel dat ik heb, elke beweging die ik maak, elke smaak die ik proef en elke geur die ik ruik niet alleen betekenis heeft voor mezelf, maar ook voor de mensheid, voor Moeder Aarde en voor ontelbare zielen in het hele universum en alle universa. Om me verder te helpen groeien, gaf Master Sha me ook serieus onderricht over hoe mijn ego me kon blokkeren om te groeien en de zuiverste boodschappen van de Divine te ontvangen. Hij schreef een Tao kalligrafie *Tao Qian Bei* (道谦 卑, *Tao nederigheid*) om mij te helpen mijn ego te verwijderen.

Ik vloog terug naar Hawaii en verbleef een paar weken op mijn landgoed om mij te zuiveren. Ik ontving de boodschap van de Divine dat deze periode van zuivering ook bedoeld was om een natuurkunde artikel te ontvangen. Mijn huis bestond op dat moment uit een schuurtje dat mijn vrienden voor me hadden neergezet. Ik had geen stromend water, geen werkend toilet, geen elektriciteit. Ratten en mieren beschouwden dit nu niet voor niets als hun officiële thuis. Dit was echt de beste plek voor mij om te zuiveren en me te verbinden met de Divine.

Mijn vrienden hadden het schuurtje met veel liefde in elkaar gezet en ingericht. Tot mijn grote verbazing stond het boekje van John Wheeler, *Physics and Simplicity*, op mysterieuze en wonderbaarlijke wijze op de boekenplank. Toen ik naar de Verenigde Staten kwam, was dit een van de weinige westerse boeken die ik uit China had meebracht. Toen ik naar Hawaii verhuisde, was ik al gestopt met natuurkunde op academisch niveau. Dit was het enige natuurkundeboek dat ik mee had genomen naar Hawaii. Ik had duizenden boeken in mijn bibliotheek in mijn strandhuis op Hawaii. Op dat moment stonden er op de kapotte boekenplank slechts vijf nog gespaard gebleven boeken, waaronder *Physics and Simplicity* en Lao Zi's *Dao De Jing*.

Ik had *Physics and Simplicity* al meer dan twintig jaar niet meer gelezen. Het mysterieuze uiterlijk van het boek herinnerde mij aan de belangrijke rol die John Wheeler in mijn leven had gespeeld. Ik verdiepte me in zijn werk. Ik was verbaasd te ontdekken dat Wheeler's "it from bit" de helft van de basisprincipes van de Tao wetenschap samenvatte. Ik wil mijn grootste dankbaarheid uitspreken aan John Wheeler voor zijn inspiratie en bijdrage aan mijn leven en aan de natuurkunde. Ik hoop dat dit boek en mijn werk met Master Sha een bijdrage kan leveren om mijn diepste dankbaarheid, waardering en erkenning voor deze belangrijke natuurkundige te kunnen tonen.

De prachtige Hawaiiaanse oceaan, bergen, planten, dieren, goden en godinnen behoren tot de meest voedende en liefdevolle ter wereld. De zuivering en gelukzaligheid die ik voelde in mijn ziel, hart, geest en lichaam waren niet te beschrijven. Een origineel natuurkundig artikel stroomde in twee dagen uit mij als bedwelmend en opwekkend warm bronwater. Het artikel[3] gaat over hoe je een formule kunt afleiden om ons universum te beschrijven en hoe je uit deze formule de donkere energie, donkere materie en vacuümenergie kunt berekenen, die de kosmologische constante wordt genoemd.

Het berekenen van de kosmologische constante uit fundamentele natuurkundige theorieën is een van de meest uitdagende en belangrijke problemen in de theoretische natuurkunde geweest. De oplossing die in het artikel wordt gepresenteerd is verrassend eenvoudig en toch krachtig. Ik was verbaasd over de schoonheid en eenvoud van het artikel.

Op een nacht kwam ik op het idee om dit artikel te presenteren op een natuurkunde conferentie. Op internet vond ik de 4e Internationale Conferentie over Nieuwe Grenzen in de Natuurkunde. Dit zou echt de juiste plaats zijn om het te presenteren. Helaas was de uiterste datum voor aanmelding al verstreken. Maar omdat ik niets te verliezen had, e-mailde ik de organisatoren een samenvatting van het artikel en ging toen slapen. Toen ik de volgende ochtend wakker werd,

---

[3] Dr. Zhi Gang Sha en Dr. Rulin Xiu. "Dark Energy and Estimate of Cosmological Constant from String Theory" verschenen in *Journal of Astrophysics & Aerospace Technology*, 5 (1): 141, May 2017.

zag ik tot mijn grote verbazing op mijn telefoon een e-mail-uitnodiging om de conferentie bij te wonen en er een presentatie te houden.

Op 25 augustus 2015 vloog ik naar Kreta om ons natuurkundig onderzoek te presenteren. Mijn bedoeling was om de natuurkundige gemeenschap te laten zien dat Tao wetenschap een aantal uitdagende problemen in de snaartheorie en de GUT zou kunnen oplossen. Gezien het feit dat de meeste natuurkundigen niet klaar zijn om iets te horen over de spirituele aspecten van ons werk, besloot ik om Tao, spiritualiteit, ziel, hart, geest, of het Soul Mind Body Science System helemaal niet te noemen. Maar ik verklapte het geheim toen een toehoorder me aan het eind van mijn presentatie vroeg welke andere resultaten we met onze aanpak zouden kunnen bereiken. Ik zei dat dit werk deel uitmaakt van een groter project dat wetenschap en spiritualiteit wil samenbrengen.

Na mijn presentatie sprak de volgende presentator over het werk van Albert Einstein. Tijdens deze sessie, verscheen Einstein aan mij in spirituele vorm. Hij was zeer verdrietig. Ik realiseerde me dat de Divine Einstein gestuurd had om mij een boodschap te brengen over de sociale verantwoordelijkheid van theoretische natuurkundigen.

Zodra we pauze hadden, vertelde ik een van de organiserende voorzitters van de conferentie over ons werk hoe we wetenschap en spiritualiteit kunnen integreren als één op fundamenteel niveau. De organisatoren van de conferentie vonden dit ook een belangrijk onderwerp. Ze vroegen me om hun een samenvatting van ons werk te e-mailen. De volgende dag vertelden ze me tot mijn grote vreugde, dat ze een tijdslot voor mij hadden gevonden om het Soul Mind Body Science System op de conferentie te presenteren.

Ik kon de Divine tegen me horen praten, me vertellend wat ik moest zeggen. Ik schreef die woorden op en probeerde ze te onthouden voor mijn presentatie. Het volgende is een deel van de boodschap die ik had opgeschreven en op de conferentie naar voren heb gebracht:

"Ik ben de organisatoren van deze conferentie zeer dankbaar dat zij mij de gelegenheid geven om ons onderzoek over het verenigen van wetenschap en spiritualiteit te delen.

"De laatste jaren krijgt dit onderwerp, het verenigen van wetenschap en spiritualiteit, steeds meer publieke aandacht. Ik denk dat het op dit moment een uiterst belangrijke taak is voor natuurkundigen.

"Sinds de wetenschappelijke revolutie, die haar hoogtepunt bereikte in de drie wetten van Newton, zijn natuurwetenschap en spiritualiteit van elkaar gescheiden geraakt. Deze scheiding heeft grote disharmonie veroorzaakt in onszelf, in ons leven, in onze samenleving, in de mensheid en in onze wereld. Ik geloof dat deze scheiding van wetenschap en spiritualiteit een van de belangrijkste oorzaken is van de escalerende uitdagingen op milieu-, financieel, sociaal, spiritueel, emotioneel, mentaal en fysiek gebied waar de mensheid voor staat. Ik geloof dat wij als natuurkundigen op dit moment een grote verantwoordelijkheid dragen om natuurwetenschap en spiritualiteit weer bij elkaar te brengen. Dit is van cruciaal belang om de mensheid door de komende moeilijke tijden heen te helpen."

Op 19 oktober 2015 gaf ik een presentatie bij het Parlement van de Wereldreligies. Dit is een van de grootste bijeenkomsten van de interreligieuze beweging ter wereld met bijna tienduizend aanwezigen uit meer dan tachtig religies en vijftig naties. Bij deze gelegenheid riepen we opnieuw op tot de eenwording van wetenschap en spiritualiteit:

"De vereniging van wetenschap en spiritualiteit is dringend nodig. Het zal de mensheid voor nog meer lijden behoeden. Het zal zowel wetenschap als spiritualiteit naar nieuwe hoogten brengen. Onze droom is dat wetenschap en spiritualiteit zich kunnen verenigen om elkaar te verrijken en te verheffen.

"Nu meer dan ooit hebben we de Grote Eenwordingstheorie en—praktijk nodig, niet alleen om de fundamentele fysieke krachten te

verenigen, maar ook om onze ziel, hart, geest en lichaam te verenigen; om wetenschap te verenigen met liefde en spiritualiteit; en om
de mensheid te verenigen met de natuur, zodat we in harmonie kunnen leven met onszelf, met elkaar en met onze omgeving. Belangrijker nog, nu is het de tijd om onze menselijke beperkingen te
overstijgen, om ieder individu en de mensheid te verbinden en op te
tillen naar de Divine, naar ons hoogste menselijke potentieel en levensdoel met meer liefde, vrede, harmonie, vreugde, gezondheid,
wijsheid, schoonheid, overvloed en verlichting in ons leven."

Dr. Rulin Xiu
5 januari 2017

Velen van jullie hebben de roep om eenwording van wetenschap en
spiritualiteit gehoord.

Velen van jullie zijn op zoek naar de kracht van liefde om elk aspect
van je leven en het leven van anderen te transformeren.

Velen van jullie verlangen ernaar verlicht te worden om in volledige
liefde, gelukzaligheid, wijsheid, overvloed en vrijheid te leven.

Velen van jullie zijn op zoek naar het elixer van onsterfelijkheid, de
weg naar het eeuwige leven.

Wij zijn vereerd om deze reis met jullie te maken. Wij zijn dankbaar
dat wij de gelegenheid krijgen om dienstbaar te zijn en met jullie te
delen wat wij hebben ontvangen. Wij zijn in alle nederigheid vereerd
met jullie samen te werken om grote eenwording in ons leven, in de
mensheid en in alle wezens te bewerkstelligen door middel van Tao
wetenschap.

Lijst van afbeeldingen

Wat is Tao wetenschap?

T AO (道) IS DE BRON van alles en iedereen. Tao wetenschap is
de wetenschap van de Bron en van creatie. Het is een wetenschap om ons te verlichten met kennis over de Bron en de weg van
de Bron. Het is een wetenschap die ons vertelt waar alles en iedereen
van gemaakt is, hoe alles en iedereen gecreëerd is en hoe men een
schepper en manifesteerder kan worden. Tao wetenschap is een wetenschap van grote eenwording. Het verenigt wetenschap en spiritualiteit op het meest fundamentele niveau. Het verenigt alles, iedereen
en elk aspect van ons leven.

Geheimen van creatie

Inzicht in de geheimen van creatie behoort tot de hoogste wijsheid,
kennis en verlichting waar een mens van kan dromen. Deze wijsheid
en kennis zullen ons niet alleen in staat stellen om een krachtige manifesteerder te worden; belangrijker nog, ze zijn essentieel om de
mensheid te bevrijden van allerlei soorten illusie, lijden, beperking,
gebrek, onwetendheid en gebondenheid. Deze wijsheid van creatie
is de poort naar hogere niveaus van bewustzijn en verlichting.

Wat is de bron van het universum, inclusief alles en iedereen? Hoe
wordt alles, iedereen en het universum geschapen? Hoe zullen zij
evolueren? Wat is hun uiteindelijke bestemming? Hoe wordt elk aspect van ons leven gecreëerd? Velen hebben deze fundamentele en

belangrijke vragen eeuwenlang gesteld. De antwoorden op deze vragen kunnen ons helpen om ons leven, onze samenleving en onze wereld op de meest diepgaande en belangrijke manieren te bepalen.

De zoektocht naar de antwoorden op deze vragen is steeds dringender geworden nu wij en onze planeet voor steeds meer uitdagingen komen te staan. Wat is de kernoorzaak van de opwarming van de aarde, natuurrampen, oorlog, armoede, geweld, financiële onrust en energiecrises? Wat is de kernoorzaak van de uitdagingen in onze relaties, financiën en gezondheid—fysiek, emotioneel en mentaal?

Als we de kernoorzaak van onze uitdagingen weten, zijn we in staat ze te overwinnen. Het is voor ons van vitaal belang te begrijpen hoe wij zijn geschapen en hoe onze realiteit zich manifesteert. Dit inzicht is van cruciaal belang voor de mensheid om oplossingen te vinden voor energie- en financiële crises, de opwarming van de aarde en andere milieuproblemen, oorlogen, armoede, escalerende gezondheidskwesties, depressie en angstige spanning, evenals vele andere moeilijkheden in ons leven en de wereld.

Scheppingsmythen bestaan in elke cultuur. Veel wijsheid en kennis over de schepping is onderzocht in allerlei filosofieën, ideologieën, wetenschappen en religies. Sommige van hun conclusies en overtuigingen komen overeen. Sommige misschien niet.

Veel mensen hebben geprobeerd de wetten en de waarheid van creatie te vinden door middel van de wetenschap. De wetenschap heeft onze kennis en ons vermogen om te creëren aanzienlijk vergroot. Wetenschappelijke antwoorden op de fundamentele vragen over creatie zijn echter beperkt gebleven.

De natuurkunde is het fundament van de natuurwetenschappen. De natuurkunde bestudeert de aard en het gedrag van materie en energie in het heelal en kwantificeert de beweging van materie en energie door ruimte en tijd met wiskundige formules. De huidige natuurkundige theorie heeft een aantal belangrijke tekortkomingen. Zij vertelt ons niet wat de bron of oorsprong van alles en iedereen is, hoe alles en iedereen wordt gecreëerd of wat de uiteindelijke bestemming van alles en iedereen is. Bovendien houdt de natuurkunde zich alleen bezig met het fysieke rijk. Zij houdt zich niet bezig met bewustzijn of spiritualiteit. Zij kan ons de zin en het doel van het leven niet vertellen.

Nu de scheppende kracht van de wetenschap exponentieel toeneemt, wordt het dringend noodzakelijk dat de fysica haar beperkingen overwint. Als de wetenschap de fundamentele vragen over ons bestaan niet kan beantwoorden, zou de wetenschappelijke ontwikkeling de mensheid meer schade kunnen berokkenen. Wetenschap zonder hart en ziel kan uiterst gevaarlijk zijn. De geschiedenis spreekt voor zich. Door de steeds snellere ontwikkeling van de wetenschap in de afgelopen eeuwen hebben we twee wereldoorlogen meegemaakt die hun weerga niet kennen. De industrialisatie heeft onherstelbare schade toegebracht aan ons milieu. Krachtige wapens die een groot deel van de mensheid kunnen uitroeien, worden door vele regeringen en andere groeperingen opgeslagen.

Ook de medische wetenschap heeft een snelle vooruitgang geboekt. De beperkingen ervan worden echter ook steeds duidelijker. Het aantal ziekten groeit sneller dan er behandelingsmethoden kunnen worden ontwikkeld. De kosten van medische behandeling—waar deze beschikbaar is—worden voor de meeste mensen en samenlevingen te hoog om te kunnen dragen. Sommige behandelingen kunnen nieuwe schade veroorzaken, naast de eventuele voordelen. Wij eren de moderne geneeskunde, maar zij heeft duidelijk haar beperkingen.

Veel mensen wenden zich tot spiritualiteit en religie voor antwoorden over de schepping. Enkele wijzen, goeroes, heiligen, boeddha's, heilige wezens en andere spirituele meesters hebben diepgaande geheimen en wijsheid over de schepping verkregen. Zij ontvingen de geheimen en wijsheid door direct contact en ervaring met de Bron en Schepper.

Maar hoewel deze wijzen en heiligen de geheimen en wijsheid over de schepping in eenvoudige woorden kunnen uitdrukken, gaan zij toch nog het begrip van de meeste mensen te boven. Dit komt omdat deze diepgaande waarheden alleen op een hoog niveau van bewustzijn kunnen worden verkregen. Een vergelijkbaar hoog niveau van bewustzijn is nodig om deze waarheden te begrijpen en te realiseren. Het vergt over het algemeen vele levens van toegewijde spirituele beoefening om zo'n hoog bewustzijnsniveau te bereiken. Bijgevolg ligt het voor de meeste mensen buiten hun bereik.

Inzicht in de wetten en waarheid van de schepping is van cruciaal belang om hogere spirituele niveaus te bereiken. Gautama Boeddha, die beschouwd wordt als de grondlegger van het Boeddhisme, bereikte verlichting omdat hij een diepgaand inzicht had verkregen in de werking van het universum. Nadat hij dit besef had bereikt, begon hij anderen te onderwijzen en hen te helpen verlichting te bereiken.

Kunnen wij de geheimen en wijsheid over de schepping wetenschappelijk uitdrukken? Als we dat kunnen, zou dat de wetenschap helpen om tot een ongekend niveau vooruit te komen. Het zou ook meer mensen kunnen helpen de diepgaande waarheden over de schepping te begrijpen en verlichting te bereiken.

Sommigen zijn misschien bezorgd dat de geheimen over de schepping in verkeerde handen zouden kunnen vallen en misbruikt zouden kunnen worden. Er is geen reden voor een dergelijke bezorgdheid. Je zult in dit boek leren dat de diepste wijsheid en de grootste kracht de grootste vriendelijkheid is. De grootste vriendelijkheid is de hoogste kracht en de diepste wijsheid. Het leren kennen van de wetten van creatie zal alle wezens helpen helen, transformeren en optillen naar een hoger niveau van bestaan.

Wijsheid van Tao

De geheimen en wijsheid van Tao zijn oude Chinese wijsheid, filosofie, wetenschap, traditie, ethiek en beoefening. Zij hebben een geschreven geschiedenis van meer dan vijfduizend jaar. Deze geheimen en wijsheid behoren tot de meest diepgaande, heilige en blijvende waarheden in de hele opgetekende geschiedenis van de Chinese cultuur. Nu vinden en leren steeds meer mensen wereldwijd deze wijsheid.

Tao is de ultieme Bron.

Tao is de universele wetten en principes van de Bron. Volg Tao, heb succes. Ga tegen Tao in, eindig. Deze diepzinnige waarheid is al duizenden jaren bekend.

Tao is een universele beoefening, de Weg van al het leven. Integreer Tao beoefening in het dagelijks leven voor een goede gezondheid, harmonieuze relaties en een bloeiend leven met meer kracht, vrijheid, een lang leven, en zelfs onsterfelijkheid.

Lao Zi is een van de grootste wijzen die de mensheid heeft gekend. Meer dan vijfentwintighonderd jaar geleden gaf Lao Zi ons *Dao De Jing* om ons te leren wat Tao is, de weg van Tao, en hoe je Tao kunt bereiken. In de eerste regels van *Dao De Jing*, vertelt Lao Zi ons:

Dao ke Dao
Fei chang Dao

wat betekent dat *de Tao die gesproken kan worden, niet de ultieme Tao is.*

In 2009 ontving Master Sha Tao Jing, de Klassieker van Tao, van de Bron. Deze speciale en geheime wijsheid onthult verder:

Da wu wai
Xiao wu nei
Wu fang yuan
Wu xing xiang

Wu shi kong
Shun Dao chang
Ni Dao wang

wat betekent:

(Tao is) Groter dan grootst
Kleiner dan kleinst
Geen vorm
Geen gedaante of beeld
Geen tijd of ruimte
Volg Tao, kom tot bloei
Ga tegen Tao in, eindig

Hoe wordt alles uit Tao gecreëerd? Lao Zi leert ons in *Dao De Jing* dat alles ontstaat door het volgende proces:

Dao sheng yi, yi sheng er, er sheng san, san sheng wan wu.

Tao creëert Eén. Eén creëert Twee. Twee creëert Drie. Drie creëert alles en iedereen.

Dit is Tao Normale Creatie.

Wat is de bestemming van alles en iedereen? Master Sha heeft de wijsheid ontvangen dat de bestemming van alles en iedereen is om terug te keren naar Tao via Tao Terugkerende Creatie:

Wan wu gui san, san gui er, er gui yi, yi gui Dao.

Alles en iedereen keert terug naar Drie. Drie keert terug naar Twee. Twee keert terug naar Eén. Eén keert terug naar Tao.

Kunnen we Tao Normale Creatie en Tao Terugkerende Creatie wetenschappelijk begrijpen en formuleren? Jazeker! Dit boek zal uitleggen hoe.

Betekenis van Tao wetenschap

Tao wetenschap is gebaseerd op oude Tao wijsheid gecombineerd met het wiskundig raamwerk ontwikkeld in de kwantumfysica. Tao wetenschap brengt Tao wijsheid tot uitdrukking door middel van wiskundige formules. Tao wetenschap is op drie manieren belangrijk voor ieder van ons en voor de gehele mensheid:

1. Tao wetenschap brengt revolutionaire en baanbrekende doorbraken in wetenschap en technologie.

   In ons onderzoek hebben we ontdekt dat alle huidige natuurkunde kan worden afgeleid van Tao wetenschap. Belangrijker is dat Tao wetenschap licht werpt op en ons helpt bij het oplossen van een aantal uitdagende problemen en vragen in de kwantumfysica, snaartheorie, astrofysica, kosmologie en de Grote Eenwordingstheorie, evenals in de wetenschap van het bewustzijn, filosofieën, en meer.

2. Tao wetenschap biedt een wetenschappelijke manier om diepgaande spirituele wijsheid te begrijpen. Het kan ons helpen onze hoogste kracht, ons grootste potentieel en de diepste betekenis van ons leven te kennen en te realiseren. Het kan de hele mensheid helpen zich te ontwikkelen naar hogere niveaus van bestaan en verlichting.

3. Tao wetenschap kan ieder van ons, de gehele mensheid en Moeder Aarde helpen redden van meer lijden en conflicten. Het kan grote eenwording brengen in ieder van ons en met alle wezens.

Wil je het leven creëren dat jij wilt? Wil je een krachtige manifesteerder worden? Zou je jouw hogere krachten, grotere vermogens en diepere potenties willen kennen en ontwikkelen? Zou je willen weten hoe je je relaties, financiën, intelligentie en elk aspect van je leven kunt transformeren?

Wil je anderen helpen een beter leven te hebben? Zou je de wereld willen helpen een betere plek te worden? Zou je een grotere betekenis aan je leven willen geven? Zou je verlichting en onsterfelijkheid willen bereiken?

Als je antwoord op een van deze vragen *ja* is, lees dan verder.

Mijlpalen in de natuurkunde

NATUURKUNDE IS DE wetenschap van de natuur die de materie, de samenstelling en de beweging ervan door ruimte en tijd bestudeert. De natuurkunde geeft vaak een verklaring van de basismechanismen van andere natuurwetenschappen. Zij opent ook nieuwe wegen voor onderzoek door nieuwe concepten, nieuwe inzichten en nieuwe analyse-instrumenten te verschaffen, met inbegrip van nieuwe experimentele apparatuur en uitrusting. Daarom wordt de natuurkunde vaak het fundament of de kern van de natuurwetenschappen genoemd.

Oorsprong van natuurkunde

Het woord *natuurkunde* komt van het oude Griekse woord dat "kennis der natuur" betekent. Het vroegst geregistreerde natuurkundige onderzoek vond plaats in de vorm van wat wij nu als astronomie en astrologie classificeren. Astronomie bestudeert hemellichamen zoals planeten, sterren en andere objecten in de ruimte. Astrologie bestudeert de invloeden van de posities van planeten, sterren en andere hemellichamen op menselijke zaken en de gebeurtenissen op Moeder Aarde.

Vroege beschavingen van vóór 3000 v. Chr., waaronder de oude Soemeriërs, Chinezen, Indiërs, Egyptenaren en vele anderen, hadden allemaal een indrukwekkend inzicht in de bewegingen van de zon, maan, sterren en planeten. Sommige oude beschavingen vereerden planeten en sterren als hun goden. De oude Chinezen geloofden dat de hemel en de mens één zijn. Wat er in de hemel gebeurt heeft direct invloed op de mensheid. Daarom waren observatie en kennis van de bewegingen van de planeten en de sterren belangrijk voor hun leven. In India is de eerste schriftelijke vermelding van astronomische concepten afkomstig uit de Veda's, de oudste literatuur van het Hindoeisme.

In tegenstelling tot andere oude beschavingen, scheidden de oude Chinezen astronomie en astrologie. De voornaamste taak van de oude Chinese astronomen was het bijhouden van de tijd, het aankondigen van de eerste dag van elke maand en het voorspellen van maansverduisteringen. Hun voorspellingen waren van vitaal belang voor de keizers. Als ze zich vergisten in hun voorspellingen konden ze worden onthoofd! Hierdoor konden de Chinese astronomen zeer nauwkeurige tijdmetingen doen en ongewone kosmologische verschijnselen in kaart brengen, zoals nova's, kometen, meteorenregens, zonnevlammen en zonnevlekken, lang voordat enige andere cultuur dergelijke waarnemingen deed. Dit maakt hun werk belangrijk voor de historische ontwikkeling van de astronomie. Hun ideeën kwamen via de zijderoute naar het Midden-Oosten en Europa.

Het meten van de tijd is van cruciaal belang voor de ontwikkeling van de beschaving en de wetenschap. Oude beschavingen gebruikten zonnewijzers om de tijd te meten. Een zonnewijzer is een instrument dat de tijd van de dag afleest aan de hand van de stand van de zon aan de hemel. Een van de grootste Chinese astronomen, Guo Shoujing (1231–1316 n.Chr.), maakte een enorme zonnewijzer waarmee hij de lengte van een jaar kon berekenen met een nauwkeurigheid van minder dan dertig seconden. Naast de vier belangrijkste oude Chinese uitvindingen (kompas, buskruit, papier, druktechnologie), creëerden de oude Chinezen ook de voorloper van de moderne klok.

Al meer dan twee millennia maakt de fysica deel uit van de natuur-filosofie. De natuurfilosofie vindt haar oorsprong in het oude China, Griekenland, India en andere beschavingen.

De oude Chinezen ontwikkelden een aantal diepgaande en geavanceerde natuurfilosofieën. Yin Yang, *I Ching*, Tao wijsheid en de Vijf Elementen Theorie hebben een geschreven geschiedenis van ongeveer vijfduizend jaar. Deze natuurfilosofieën verklaren de oorsprong, de schepping, evolutie, samenstelling en het lot van ons universum, van alles en iedereen als natuurlijke processen met natuurlijke oorzaken.

In India worden in heilige boeken en hymnen filosofische vragen over de oorsprong van het universum besproken. In oude Hindoe-teksten werden intelligente speculaties voorgesteld over het ontstaan van het universum vanuit het niet-bestaan.

Veel oude Grieken geloofden dat goden en godinnen hun leven beheersten. Sommige Griekse filosofen uit de oudheid, zoals Socrates, Plato en Aristoteles, verwierpen deze bovennatuurlijke verklaring van natuurverschijnselen. Socrates stelde voor om de waarheid te zoeken om leiding te krijgen in je leven en de waarheid te ontdekken door middel van de rede en logica in discussies. Aristoteles stelde ideeën voor die door de rede en observatie werden geverifieerd om natuurlijke fenomenen te verklaren. De oude Grieken erkenden de heiligheid en wijsheid van getallen, samen met harmonie en muziek. Zij stelden ook atomisme voor, een theorie die ervan uitgaat dat alles en iedereen uit atomen bestaat. Deze theorie werd ongeveer tweeduizend jaar nadat zij voor het eerst was voorgesteld, juist bevonden.

Islamitische geleerden erfden de natuurfilosofie van de Grieken. Tijdens de Islamitische Gouden Eeuw (8e eeuw-13e eeuw n.Chr.) werden vroege vormen van de wetenschappelijke methode ontwikkeld. De meest opmerkelijke vernieuwingen vonden plaats op het gebied van de optica en het gezichtsvermogen. Optica bestudeert het gedrag en de eigenschappen van licht, met inbegrip van de interactie ervan met materie en de constructie van instrumenten die licht gebruiken of detecteren. De meest invloedrijke islamitische wetenschappelijke boeken zijn de zeven delen van het *Boek der Optica*. Deze verhandeling over optica werd geschreven door de middeleeuwse Arabische geleerde Ibn al-Haytham, in het Westen bekend als Alhazen (ca. 965– ca. 1040 n.Chr.).

De vertaling van het *Boek der Optica* in de Europese talen had een enorme invloed op de ontwikkeling van de wetenschap in Europa tussen 1260 en 1650. Europese geleerden waren in staat dezelfde apparaten te bouwen als islamitische geleerden meer dan zevenhonderd jaar eerder hadden gemaakt. Hieruit werden belangrijke instrumenten zoals brillen, vergrootglazen, telescopen en camera's ontwikkeld.

Wetenschappelijke methode

De natuurkunde ontwikkelde zich in de zeventiende eeuw tot een unieke discipline op zich. Isaac Newton en andere pioniers legden stevig de basis voor wat wij nu de wetenschappelijke methode noemen. (Ook precedenten in de islamitische Gouden Eeuw verdienen lof.) Zij begonnen experimenten en kwantitatieve methoden te gebruiken om de wetten van de fysica te ontdekken. De natuurkunde heeft twee essentiële elementen. Het ene is het reproduceerbare experiment. Het andere is de wiskunde. Natuurkundigen gebruiken wiskundige formules om de bevindingen van reproduceerbare experimenten te beschrijven.

Newton, samen met andere natuurkundigen, verlichtte ook de mensheid met de diepgaande waarheid dat planeten, sterren, Moeder Aarde, mensen en alle dingen dezelfde natuurkundige wetten volgen. Met wiskunde, de taal van ons logisch denken, kunnen wij de natuurwetten begrijpen en doorgronden die alles en iedereen beheersen.

Het succes om natuurverschijnselen te verklaren met natuurwetten en wiskundige formules was een monumentale doorbraak voor de mensheid. De wetenschappelijke methode heeft bewezen zeer krachtig te zijn in de uitbreiding van de menselijke kennis over de natuur en ons vermogen om materiële dingen te creëren. Hierdoor zijn natuurkundigen in staat beter te begrijpen waaruit alles op microscopisch en macrokosmisch niveau is opgebouwd. Dit heeft geleid tot het ontstaan van veel van de dingen die deel uitmaken van ons dagelijks leven, zoals huishoudelijke apparaten, tv's, dvd's, computers, het internet, vliegtuigen, raketten, satellieten, telescopen, microscopen en geavanceerde medische apparatuur, maar ook kernwapens en nog veel meer.

Betekenis van natuurkunde

Natuurkunde heeft een diepe invloed op de mensheid. Natuurkunde en natuurwetenschappen hebben een steeds belangrijkere rol gespeeld in elk aspect van ons leven, onze samenleving en onze wereld. Door natuurkunde is het vermogen van de mensheid om natuur te creëren en te beïnvloeden exponentieel gaan groeien. In ongeveer de laatste driehonderd jaar is de hele geschiedenis van de mensheid en Moeder Aarde getransformeerd.

Natuurkunde heeft een belangrijke rol gespeeld in de ontwikkeling van de recente geschiedenis van de mensheid. Zo heeft de ontwikkeling en invoering van de Newtoniaanse mechanica de wetenschappelijke revolutie op gang gebracht en verwezenlijkt. De Newtoniaanse mechanica beschrijft de beweging van lichamen onder invloed van krachten volgens een reeks natuurkundige wetten.

De wetenschappelijke revolutie heeft op haar beurt grote invloed gehad op de intellectuele sociale beweging die bekend staat als de Verlichting. Deze begon als een filosofische beweging die de ideeënwereld in Europa in de achttiende eeuw beheerste. De Verlichting omvatte een reeks ideeën waarin de rede centraal stond als de primaire bron van autoriteit en legitimiteit. Zij bepleit idealen als vrijheid, gelijkheid, vooruitgang, verdraagzaamheid, broederschap, constitutionele regering, en het beeindigen van de misbruiken van kerk en staat. Zij legt de nadruk op wetenschappelijke onderbouwing en stelt religieuze orthodoxie ter discussie. De idealen van de Verlichting werden opgenomen in de Onafhankelijkheidsverklaring en de Grondwet van de Verenigde Staten.

De klassieke thermodynamica bestudeert beweging onder invloed van druk en warmte en de uitwisseling van materie en energie. Ontdekkingen in de thermodynamica leidden tot de uitvinding van de stoommachine. Hiermee begon de industriële revolutie.

Het ontstaan van de informatietheorie bracht de mensheid in het informatietijdperk. De informatietheorie bestudeert de kwantificering, de opslag, het transport en de communicatie van informatie.

Natuurkunde wordt onderverdeeld in klassieke natuurkunde en moderne natuurkunde. De klassieke natuurkunde omvat de Newtoniaanse mechanica, de optica, de thermodynamica en het elektromagnetisme. De moderne natuurkunde omvat Einsteins speciale en algemene relativiteitstheorie, de kwantumfysica en de snaartheorie. Laten we eens wat dieper ingaan op deze twee grote subcategorieën van de natuurkunde.

Klassieke natuurkunde

De herontdekking en ontwikkeling van de optica in het Europa van de zeventiende eeuw leidde tot nauwkeuriger metingen van de beweging van hemellichamen, vooral van de beweging van de planeten in het zonnestelsel. Men ontdekte wiskundige verbanden die de beweging van de planeten verklaren.

De bekende Britse wetenschapper en wiskundige Isaac Newton (1642-1726 n.Chr.) ontdekte een zwaartekracht tussen de zon en de planeten. Deze kracht hield de planeten op hun plaats. Newton stelde ook de drie wetten van beweging voor.

De drie wetten van Newton vertellen ons dat alles de neiging heeft om in rust te blijven of in één richting te bewegen in een constant tempo wanneer die beweging niet wordt verstoord. Deze eigenschap wordt traagheid genoemd. Traagheid is dus weerstand tegen beweging. Er is kracht nodig om een voorwerp in een andere richting of met een hogere of lagere snelheid te laten bewegen. Massa is de fysische grootheid die de traagheid van alles en iedereen meet. Hoe meer massa je hebt, hoe meer kracht er nodig is om je te verplaatsen. Voor elke kracht die je op anderen uitoefent, zal precies dezelfde kracht op jou worden uitgeoefend.

Met de introductie van de zwaartekracht en de drie wetten van beweging, kon Newton de wiskundige formules afleiden die de beweging van de planeten beschrijven.

Toen Newton onder een appelboom zat, kreeg hij een vallende appel op zijn hoofd. Dit gaf hem een "aha!" moment. Hij was zich bewust geworden van het universele karakter van de zwaartekracht. De zwaartekracht is niet alleen de kracht die de zon, de aarde en andere planeten in de ruimte bij elkaar houdt, het is ook de kracht die alles en iedereen op Moeder Aarde bij elkaar houdt. De appel valt terug op de grond in plaats van weg te vliegen naar de hemel vanwege de zwaartekracht van Moeder Aarde. Als we omhoog springen, komen we meteen weer op de grond terecht omdat de zwaartekracht van de aarde ons terugtrekt.

De zwaartekracht is een kracht die tussen alles en iedereen bestaat. Deze kracht is evenredig met onze massa. Hoe meer massa je hebt, hoe meer zwaartekracht je op anderen uitoefent. De zwaartekracht tussen jou en mij is te verwaarlozen in vergelijking met andere krachten die op ons inwerken, omdat onze massa klein is. De aarde heeft een veel grotere massa.

We kunnen allemaal de zwaartekracht van de aarde voelen. Ons gewicht is de maatstaf van de zwaartekracht van de aarde op ons. Als je naar een grotere hoogte of naar de ruimte gaat, weeg je minder omdat de zwaartekracht van de aarde op jou afneemt. Op de maan zou je gewicht automatisch ongeveer een zesde zijn van je gewicht op aarde, ook al blijft je massa hetzelfde.

Optica bestudeert de beweging van licht. De vooruitgang in de optica heeft bijgedragen tot de ontwikkeling van krachtiger telescopen, microscopen, glasvezeloptica, lasers en vele andere briljante ontdekkingen.

De klassieke thermodynamica bestudeert hoe druk en temperatuur de beweging van materie en energie beïnvloeden. De thermodynamica bestaat uit vier thermodynamische wetten. Deze ontdekkingen worden uitgedrukt in wiskundige formules die toestandsvergelijkingen worden genoemd.

De nulde wet van de thermodynamica zegt ons dat wanneer men twee systemen samenbrengt en ze met rust laat, zij uiteindelijk een evenwicht zullen bereiken en dezelfde temperatuur zullen hebben. Dit impliceert dat temperatuur een universele fysische grootheid is om de thermische toestand van alles en iedereen te beschrijven. Door de nulde wet weten we dat we een thermometer kunnen gebruiken om de temperatuur te meten en te vergelijken.

De eerste wet van de thermodynamica introduceert het begrip energie in de fysica. Zij verwoordt de wet van behoud van energie. Deze vertelt ons dat alles een interne energie heeft. Je kunt de inwendige energie veranderen door arbeid te verrichten, bijvoorbeeld door een gewicht op te tillen of door warmte uit te wisselen. Je kunt de inwendige energie ook gebruiken om arbeid te verrichten of warmte af te geven. Energie kan verschillende vormen aannemen. Ze kan ook naar een andere plaats worden overgebracht. De totale energie blijft echter gelijk. De wet van behoud van energie vertelt ons dat energie niet kan worden gecreëerd of vernietigd.

De tweede wet van de thermodynamica zegt ons dat warmte niet spontaan van een koudere naar een warmere plaats kan stromen. Zij introduceert entropie als een fysische grootheid om de toestand van alles en iedereen te beschrijven. Entropie meet de wanorde binnen een systeem. Gewoonlijk is het zo dat hoe warmer het systeem is, hoe meer wanorde het vertoont. Daarom heeft een systeem met een hogere temperatuur een grotere entropie dan een systeem met een lagere temperatuur.

Warmte is de energie die verband houdt met entropie. De tweede wet van de thermodynamica zegt ons dat een systeem, als het met rust wordt gelaten, altijd wanordelijker zal worden. De entropie zal toenemen en uiteindelijk een maximum bereiken. De tweede wet van de thermodynamica stelt een fenomeen van onomkeerbaarheid in de natuur voor. Als je bijvoorbeeld geen moeite doet om orde in je kamer te scheppen, zal die steeds wanordelijker worden. Het zal niet vanzelf netter worden. De entropie zal toenemen.

De derde wet van de thermodynamica zegt ons dat naarmate we de temperatuur van een systeem verlagen, de entropie ervan kleiner wordt en een minimum bereikt wanneer de temperatuur het absolute nulpunt nadert.

Het elektromagnetisme bestudeert de beweging van alles wat onder invloed staat van een elektromagnetische kracht. Het klassieke elektromagnetisme, dat in de loop van de negentiende eeuw werd ontwikkeld, bereikte zijn hoogtepunt in het werk van James Clerk Maxwell. Maxwell bracht de voorgaande ontwikkelingen in het elektromagnetisme samen via een reeks vergelijkingen die nu bekend staan als de vergelijkingen van Maxwell. Door deze vergelijkingen ontdekte men dat licht een elektromagnetische golf is. De ontwikkeling van het elektromagnetisme heeft geleid tot de uitvinding en het gebruik van elektrische lampen, elektrische gereedschappen en machines, de telegraaf en vele andere toepassingen.

Voor natuurkundigen die gewend waren aan de Newtoniaanse mechanica, leek het elektromagnetisme een eigenaardig verschijnsel te zijn. In feite is het niet in overeenstemming met de klassieke mechanica. Volgens de vergelijkingen van Maxwell is de snelheid van het licht in een vacuüm een universele constante. Dit is in strijd met de veronderstelling in de Newtoniaanse mechanica dat alle bewegingswetten identiek zijn in alle inerte referentiekaders binnen een Galileï transformatie. Een inert referentiekader is een referentiekader dat tijd en ruimte homogeen beschrijft, en wel op een tijdsonafhankelijke en ruimteonafhankelijke manier. Een Galileï transformatie behandelt ruimte en tijd als afzonderlijke identiteiten. De veronderstelling dat ruimte en tijd onafhankelijk van elkaar zijn, was lange tijd een hoeksteen van de klassieke mechanica.

Moderne natuurkunde

Het begin van de twintigste eeuw luidde voor de natuurkunde een nieuw begin in en jaren van vele ingrijpende veranderingen. Nieuwe ontdekkingen in de natuurkunde begonnen de klassieke fysica uit te dagen. Nieuwe ideeën en concepten werden geïntroduceerd. De moderne natuurkunde, waartoe ook de relativiteitstheorie en de kwantumfysica behoren, begon vorm te krijgen.

Relativiteitstheorie

Om elektromagnetisme en klassieke mechanica met elkaar te verenigen, introduceerde Albert Einstein de speciale relativiteit. Een bepalend kenmerk van de speciale relativiteit is de vervanging van de Galileïsche transformaties van de Newtoniaanse mechanica door de Lorentz-transformatie. In de Lorentz-transformatie zijn tijd en ruimte met elkaar verbonden. Een verandering in de tijd zal leiden tot een verandering in de ruimte en vice versa. Ruimte en tijd zijn verweven tot één enkel continuüm dat ruimtetijd wordt genoemd. De onderlinge verbondenheid tussen ruimte en tijd levert de beroemde equivalentieformule van massa en energie op: $E = mc^2$.

De speciale relativiteitstheorie maakt de klassieke mechanica verenigbaar met het klassieke elektromagnetisme. De klassieke mechanica is het speciale geval van de speciale relativiteitstheorie, wanneer de snelheid van het bewegende voorwerp veel kleiner is dan de lichtsnelheid.

De speciale relativiteit toont verder aan dat in bewegende referentiekaders een magnetisch veld transformeert in een veld met een elektrische component ongelijk aan nul en vice versa. Hieruit bleek dat de elektrische en magnetische krachten slechts twee verschillende aspecten zijn van één kracht, het elektromagnetisme.

Deze grote ontdekking van de eenheid van de elektrische kracht en de magnetische kracht inspireerde Einstein. Hij besteedde een groot deel van zijn latere jaren aan het voortzetten van dit proces van "eenwording" van krachten door te trachten de elektromagnetische kracht te verenigen met de zwaartekracht. Hij heeft het niet meer mogen meemaken dat deze poging tot een goed einde werd gebracht. Tot op de dag van vandaag is het verenigen van de elektromagnetische kracht met de zwaartekracht een belangrijk, nog steeds lopend streven in de natuurkunde.

De speciale relativiteitstheorie is beperkt tot vlakke ruimtetijd. Om kromme ruimtetijd aan te pakken, waarin ruimtetijd gekromd en gebogen is door massa en energie, creëerde Einstein de algemene relativiteitstheorie. Algemene relativiteit is de theorie over de relaties tussen materie, zwaartekracht en ruimtetijd. Het beschrijft hoe materie de ruimtetijd bepaalt en hoe ruimtetijd de beweging van materie stuurt.

De theorie van Einstein heeft belangrijke astrofysische implicaties. Het impliceert bijvoorbeeld het bestaan van zwarte gaten—gebieden in de ruimte waar ruimte en tijd zodanig vervormd zijn dat daar niets, zelfs geen licht, uit kan ontsnappen. Het toont aan dat een zwart gat een eindtoestand is voor massieve sterren. De algemene relativiteit is ook de basis van de huidige modellen van het uitdijende heelal.

Alsof Einsteins relativiteitstheorie de klassieke natuurkunde nog niet genoeg door elkaar heeft geschud, stelt de kwantumfysica de klassieke natuurkunde en het fundament van alle natuurwetenschap op dramatische wijze op de proef met haar diepste kernbegrippen en principes.

Kwantumfysica

De kwantumfysica bestudeert waar alles en iedereen van gemaakt is en hoe het gedrag ervan is op microscopisch niveau. Wanneer natuurkundigen de wereld op steeds kleinere ruimtetijdschalen of op steeds hogere energieniveaus onderzoeken, betreden zij de kwantumwereld.

Uit studies in de kwantumfysica blijkt dat alles is opgebouwd uit verschillende trillingen, ook wel golven genoemd. Een trilling of golf is een periodieke oscillatie. Omdat kwantumtrillingen niet beperkt worden door ruimte en tijd, is alles in feite een trillingsveld bestaande uit verschillende trillingen.

Een trillingsveld wordt wiskundig beschreven door een golffunctie. Een golffunctie is een wiskundige formule die de soorten en hoeveelheden trillingen of golven binnen een systeem beschrijft.

De kwantumfysica stelt de grondslagen van de natuurkunde en de natuurwetenschappen in hun diepste kern op drie manieren ter discussie.

Ten eerste is kwantumfysica fundamenteel niet-deterministisch. In de kwantumfysica wordt alles beschreven door golffuncties, die ons alleen de kansen kunnen aangeven dat bepaalde dingen zullen gebeuren. Vanwege het waarschijnlijkheidskarakter van de kwantumfysica waren sommige wetenschappers, waaronder Albert Einstein, huiverig om de kwantumfysica als de fundamentele natuurkundige theorie te accepteren.

Het meetprobleem in de kwantumfysica betreft de discussie over de vraag waarom onze wereld bepaald lijkt te zijn, terwijl haar onderliggende kwantumkarakter de superpositie is van vele mogelijke trillingstoestanden. De hoofdvraag van het meetprobleem is hoe de waargenomen werkelijkheid zich manifesteert vanuit het trillingsveld, dat vele mogelijke toestanden bevat die door de golffunctie worden beschreven.

Ten tweede is het concept van kwantumverschijnselen drastisch in strijd met een van de hoekstenen van de natuurwetenschap en het wetenschappelijk onderzoek, namelijk objectiviteit. In de natuurwetenschap wordt algemeen aanvaard dat natuurverschijnselen objectief zijn. Hun bestaan hangt niet af van de handelingen van de waarnemer. In de kwantumfysica echter zijn de verschijnselen subjectief en afhankelijk van de handelingen van de waarnemer.

Ten derde stellen sommige kwantumverschijnselen, zoals kwantumverstrengeling of kwantumcorrelatie, ons concept van ruimte en tijd op de proef. Twee of meer kwantumgolven kunnen kwantumverstrengeld zijn wanneer zij uit dezelfde bron ontstaan. Voor kwantumverstrengelde trillingen geldt dat als je iets met één van hen doet, de andere onmiddellijk wordt beïnvloed en overgaat in een toestand die wordt bepaald door deze kwantumverstrengeling, ongeacht hoe ver ze van elkaar verwijderd zijn. Dit niet-lokale effect valt buiten de normale opvatting en waarneming van ruimte en tijd. Albert Einstein noemde dit kwantumverschijnsel een "mysterieuze actie op afstand". Dit niet-lokale effect is in strijd met de beperking van de overdracht van informatie in Einsteins relativiteitstheorie.

Deze drie kenmerkende eigenschappen van de kwantumfysica hebben ertoe geleid dat veel wetenschappers zich afvragen of de kwantumfysica wel een volledige of juiste theorie over de werkelijkheid is. Er zijn interpretaties voorgesteld om de kwantumfysica te begrijpen, zoals de interpretatie van Kopenhagen, de Pilot-Golf theorie, instortingstheorieën, de veel-werelden interpretatie en meer. Interpretaties van de kwantummechanica zijn pogingen om de kwantumfysica te begrijpen in termen van onze gewone kennis, maar ook in filosofische en metafysische termen.

De algemeen aanvaarde Kopenhagen-interpretatie van de kwantumfysica verwerpt het idee van de objectiviteit van de fysische werkelijkheid. Zij suggereert dat de fysica een subjectieve discipline is die zich alleen bezighoudt met onze kennis van de fysische werkelijkheid.

De Pilot-Golftheorie wordt ook wel de Broglie-Bohm theorie of de causale interpretatie genoemd. Zij handhaaft de deterministische en objectieve aard van de werkelijkheid door naast de golffunctie een configuratie te verzinnen die zelfs bestaat wanneer zij niet wordt waargenomen.

De veel-werelden interpretatie bevestigt de objectieve werkelijkheid van de universele golffunctie door te suggereren dat de golffunctie feitelijk bestaande parallelle universa beschrijft, het multiversum.

Wolfgang Pauli, John von Neumann, en Eugene Wigner suggereerden dat de subjectieve aard van de kwantumwerkelijkheid te wijten is aan het feit dat de kwantumtheorie ging over de wisselwerking tussen geest en materie.

Ondanks alle controverses en verwarring over de interpretatie van de kwantumfysica, is de kwantumfysica de meest fundamentele natuurkundige theorie die tot nu toe is bedacht. De kwantumfysica biedt het krachtigste wiskundige instrument dat de beste voorspellingen doet over natuurverschijnselen. Hoewel schijnbaar zeer verschillend, is de klassieke natuurkunde het speciale geval van de kwantumfysica bij lage energie of op macroscopisch niveau. De kwantumfysica doet de meest nauwkeurige voorspellingen over de natuur. Zij heeft onze kennis van de natuur enorm uitgebreid op het gebied van scheikunde, materiaalkunde, atoomfysica, kernfysica, deeltjesfysica, astrofysica, kosmologie, enzovoort. Het heeft geleid tot belangrijke uitvindingen, waaronder supergeleidende magneten, lichtgevende diodes, lasers, transistors, halfgeleiders zoals microprocessoren, medische en onderzoeksbeeldweergave zoals magnetische resonantiebeeldweergave (MRI) en elektronenmicroscopie en verklaringen voor vele biologische en fysische verschijnselen. Het opende de deur voor veel belangrijke nieuwe ontdekkingen in de wetenschap, zoals de structuur van het DNA, nieuwe fundamentele deeltjes, nieuwe krachten, donkere materie, donkere energie en enorme hoeveelheden nieuwe informatie en vooruitgang in de astrofysica en de kosmologie.

Theorie van alles

Wanneer de kwantumfysica naar het subatomaire niveau gaat, wordt het deeltjesfysica. De deeltjesfysica is een tak van de kwantumfysica die de fundamentele bouwstenen van de natuur bestudeert. Tot dusver heeft zij ontdekt dat onze wereld bestaat uit vierentwintig elementaire deeltjes, het Higgs boson, en vier fundamentele krachten (sterke kernkracht, zwakke kernkracht, elektromagnetische kracht en zwaartekracht).

Met uitzondering van de zwaartekracht worden deze basiselementen geclassificeerd en verklaard door het Standaardmodel. In het Standaardmodel worden de sterke, zwakke en elektromagnetische wisselwerkingen geleid door deeltjes die ijkbosonen worden genoemd. De verschillende soorten ijkbosonen zijn gluonen, zwakke bosonen en fotonen. Het Higgs boson verschijnt in het Standaardmodel om massa te geven aan andere deeltjes. Vanwege zijn unieke functie wordt het Higgs-boson door sommige mensen het "Godsdeeltje" genoemd.

Hoewel het Standaardmodel de meeste gegevens van de experts goed weergeeft, verklaart het niet waar materie en krachten vandaan komen en hoe zij ontstaan. Bovendien kan het de zwaartekracht niet op een wiskundig consistente manier omvatten. Er is een krachtiger theorie nodig.

De kwantumfysica heeft geleid tot snelle vooruitgang in de astrofysica. Astrofysica is de tak van de natuurkunde die de samenstelling
en de aard van hemellichamen bestudeert, zoals de zon, buitenaardse planeten, sterren, het interstellaire medium, sterrenstelsels en
de kosmische microgolfachtergrond. Onze kennis over deze hemellichamen neemt snel toe met de ontwikkeling van steeds meer detectoren.

"Hoe meer je weet, hoe meer je weet hoe weinig je weet." Dit is per-
fect van toepassing op het gebied van astrofysica. Astrofysici hebben
ontdekt dat de materie zoals wij die kennen minder dan vijf procent
van het heelal uitmaakt. Meer dan zevenenzestig procent is donkere
energie en ongeveer zevenentwintig procent is donkere materie.
Donkere energie en donkere materie zijn in feite energie en materie
die wij niet begrijpen en niet kunnen beschrijven, behalve dan dat zij
volgens experimentele gegevens zouden moeten bestaan.

De huidige astrofysici streven ernaar de eigenschappen van donkere
energie, donkere materie en zwarte gaten te bepalen, de mogelijkheid van tijdreizen te onderzoeken, en andere even boeiende onder-
werpen over de buitenaardse ruimte. De snelle groei in de astrofysica
heeft de fysische kosmologie naar een nieuw niveau gestuwd.

Kosmologie is de tak van de fysica die de oorsprong, evolutie, grootschalige structuren, dynamiek en uiteindelijke bestemming van het
heelal bestudeert, evenals de wetenschappelijke wetten die het heelal
beheersen. De algemene relativiteit van Einstein biedt een uitstekend
wiskundig instrument om de grote structuren van ons universum te
beschrijven en te bestuderen. De kwantumfysica verschaft de instrumenten om diep in te gaan op waar de planeten, sterren, sterrenstelsels en universa uit bestaan. De informatie over ons heelal groeit
exponentieel. Veel observaties over ons heelal wijzen erop dat ons
heelal is ontstaan uit een oerknal, vrijwel ogenblikkelijk gevolgd
door kosmische inflatie, een uitdijing van de ruimte waaruit het

heelal 13,799 miljard jaar geleden zou zijn voortgekomen. De kosmologie is er echter niet in geslaagd ons te vertellen wat de bron van ons heelal is, noch hoe het is ontstaan, zich ontwikkelt en eindigt.

De kwantumfysica verschaft het wiskundige kader om de sterke, zwakke en elektromagnetische krachten te verenigen, maar faalde toen zij probeerde de zwaartekracht erbij te betrekken. Hoewel de kwantummechanica niet onverenigbaar is met de algemene relativiteit, zijn ze zeker niet compatibel met elkaar. Het zoeken naar de theorie van alles (TOE—Theory Of Everything) is een belangrijk doel geweest van de natuurkunde van de twintigste en eenentwintigste eeuw. Vele vooraanstaande natuurkundigen, waaronder Albert Einstein en Stephen Hawking, hebben vele jaren gewerkt aan het vinden van de TOE. Stephen Hawking kwam zelf tot de conclusie dat TOE niet haalbaar is.

Snaartheorie is een van de meest veelbelovende kandidaten voor TOE. Snaartheorie bestudeert de kwantumdynamica van een snaar. Men heeft ontdekt dat trillingen van een snaar alle deeltjes en krachten kunnen voortbrengen die in de natuur worden waargenomen, inclusief de zwaartekracht. In de snaartheorie worden alle krachten en alle materie op natuurlijke wijze verenigd. De huidige snaartheorie is echter niet in staat om veel toetsbare voorspellingen te doen. Er ontbreekt nog steeds iets in de snaartheorie. Er moeten nog veel vragen worden beantwoord voordat de snaartheorie een theorie van alles kan worden.

De natuurkunde is een van de grootste prestaties van de mensheid. Hoe indrukwekkend en voortreffelijk de natuurkunde ook is, de huidige natuurkunde heeft twee tekortkomingen. De eerste is dat zij zich alleen bezighoudt met het materiële rijk. Het spirituele bestaan valt er niet onder. De andere is dat zij geen antwoord geeft op de vragen waar ons universum vandaan komt, hoe het is ontstaan en hoe het eindigt. Een grotere eenwording van alle theorieën is nodig. Een dieper begrip over creatie is nodig. De Tao wetenschap is geboren.

Tao Wetenschap

Tao is een oud Chinees woord dat vele betekenissen heeft, zoals de weg, het pad, de koers, het principe, de methode, enzovoort. In dit boek hebben we Tao gebruikt om de Bron en Schepper aan te duiden, zoals Lao Zi deed in zijn klassieke verhandeling, *Dao De Jing*. Tao Wetenschap is de wetenschap over creatie. Het integreert diepgaande Tao wijsheid met kwantumfysica.

De Tao wetenschap omvat drie wetten:

1. De Wet van Shen Qi Jing
2. De Wet van Karma
3. De Wet van Tao Yin Yang Creatie

De Wet van Shen Qi Jing behandelt de fundamentele vraag waar alles en iedereen uit bestaat. Deze wet leert ons dat alles en iedereen bestaat uit shen, qi en jing. Jing is *materie*, dat is de fysieke werkelijkheid die we waarnemen. Qi is *energie*, dat is ons vermogen om werk te verrichten. Shen omvat *ziel, hart* en *geest*. Hier is ziel de spirit. Hart is het *spirituele hart*. Geest is *bewustzijn*. De Tao wetenschap geeft ziel, hart en geest (samen shen) wetenschappelijke en wiskundige definities. Shen is *informatie*. Informatie heeft drie aspecten: inhoud van informatie, ontvanger van informatie, en verwerker van informatie, die overeenkomen met respectievelijk ziel, hart en geest. Deze definitie maakt het mogelijk om ziel, hart, geest, evenals spirituele en bewuste fenomenen, wetenschappelijk en mathematisch te bestuderen met behulp van kwantumfysica. Op deze manier brengt Tao wetenschap natuurwetenschap en spiritualiteit samen op het meest fundamentele niveau. Inzicht in de Wet van Shen Qi Jing stelt ons in staat om een dieper en beter begrip te krijgen van onszelf, alles en iedereen, evenals de diepere betekenis en het grotere doel van ons leven. Het leert ons ook wat onze hogere krachten zijn en hoe we onze hogere krachten kunnen ontwikkelen en gebruiken om elk aspect van ons leven te transformeren en naar een hoger plan te tillen.

De Wet van Shen Qi Jing leert ons ook de diepgaande wijsheid en beoefening over wat de hoogste spirituele staat is: de ultieme verlichting, onsterfelijkheid, gelukzaligheid en vrijheid en, het belangrijkste, hoe die te bereiken.

De Wet van Karma onthult op wetenschappelijke wijze hoe onze huidige ervaring wordt beïnvloed door onze daden in het verleden en hoe onze huidige daden onze toekomstige werkelijkheid creëren. Het toont ons de kernoorzaak van alles. De Wet van Karma geeft ons de kracht om elk aspect van ons leven te helen en te transformeren en een krachtiger schepper en manifesteerder te worden.

De Wet van Tao Yin Yang Creatie is de fundamentele wet over creatie. Het onthult hoe alles en iedereen en ons hele universum is gecreëerd. Uit de Wet van Tao Yin Yang Creatie kunnen we de snaartheorie, de M-theorie en alle huidige natuurkundige theorieën afleiden, evenals de oude Chinese wijsheid, waaronder de *I Ching* en de Theorie van de Vijf Elementen (Wu Xing). De Wet van Tao Yin Yang Creatie bevat de sleutel om ons te helpen de ultieme verlichting en vrijheid te bereiken.

Tao Wetenschap is de wetenschap over creatie. Het stelt ons in staat het leven te creëren dat we werkelijk willen. Tao Wetenschap is de wetenschap van de grote eenwording. Het brengt grote eenwording naar alles en iedereen. Tao Wetenschap is de wetenschap om ons hogere levenspotentieel en doel te bereiken. Tao Wetenschap is de wetenschap om grotere vermogens en krachten te verwerven. Tao Wetenschap is de wetenschap om verlichting, onsterfelijkheid, en ultieme gelukzaligheid en vrijheid te bereiken.

Wet van Shen Qi Jing

IN DIT HOOFDSTUK introduceren wij de eerste fundamentele wet van de Tao wetenschap, de Wet van Shen Qi Jing. De Wet van Shen Qi Jing is gebaseerd op een diepgaande oude Chinese wijsheid over waar alles en iedereen van gemaakt is. We zullen moderne wetenschappelijke termen gebruiken om de oude wijsheid uit te drukken en uit te leggen. Zoals je zult ontdekken, bevat de Wet van Shen Qi Jing de sleutel tot het ontsluieren van de geheimen over wie we werkelijk zijn, het ware doel en de betekenis van ons leven, onze hogere krachten en vermogens en hoe we die vermogens kunnen ontwikkelen en gebruiken. Het opent een weg om een brug te slaan tussen natuurwetenschap en spiritualiteit en ze te laten integreren. Het brengt ook een nieuwe benadering in de uitleg van kwantumfysica aan de leek in eenvoudige, toegankelijke en gemakkelijk te begrijpen termen.

Waar bestaan we uit?

Heb je je ooit afgevraagd wie we zijn? Wat zijn onze hogere vermogens en mogelijkheden? Wat is de diepere betekenis en het doel van ons leven?

Velen van ons hebben deze vragen gesteld. Velen van ons hebben gezocht naar de antwoorden op deze vragen. Om dieper inzicht in deze belangrijke vragen te krijgen, moeten we onderzoeken waar alles en iedereen uit bestaat.

Door de geschiedenis heen zijn er veel verschillende ideeën geweest over waar alles en iedereen uit bestaat. De natuurwetenschap vertelt ons dat we bestaan uit materie en energie. Zij bestudeert de stoffelijke aard van ons bestaan. De sociale wetenschap, de filosofie, de psychologie en de spirituele en religieuze ideologie stellen dat onze essentie geest en bewustzijn is. Zij verklaren de spirituele en bewustzijnsaspecten van ons bestaan.

Volgens de oude Tao wijsheid bestaat alles en iedereen uit jing, qi en shen. Jing is materie. Qi is energie. Shen omvat ziel, hart en geest. Ziel is de spirit. Hart omvat zowel het fysieke hart als het spirituele hart. Geest is bewustzijn.

Deze eenvoudige en toch diepgaande Tao wijsheid is de eerste wet in de Tao wetenschap, de Wet van Shen Qi Jing.

Wet van Shen Qi Jing

Alles en iedereen bestaat uit shen (ziel, hart en geest), qi (energie), en jing (materie).

De Wet van Shen Qi Jing zorgt voor het baanbrekende inzicht dat nodig is om vele moeilijke vraagstukken in de wetenschap op te lossen. Velen van ons weten bijvoorbeeld dat wetenschappers hebben geprobeerd om tot een volledig bevredigend begrip te komen van de fundamentele aard van de werkelijkheid, zoals die door de kwantumfysica wordt gepresenteerd. Deze wet biedt een nieuwe, eenvoudige, duidelijke en diepgaande manier om de kwantumfysica te ontleden en te interpreteren in termen die iedereen kan begrijpen. Zij baant de weg om wetenschap en spiritualiteit op het meest fundamentele niveau op natuurlijke wijze tot één geheel te integreren. Het legt ook de basis om de Grote Eenwordingstheorie af te leiden.

Nog boeiender is dat deze wet van grote betekenis is voor jou, mij, de hele mensheid en alle wezens. Zij openbaart ons hoogste zelf, het veel grotere potentieel en de kracht in ieder van ons en de diepere betekenis en het hogere doel van ons leven.

Laten we nu eens onderzoeken hoe dit alles tot stand komt.

Wat zijn ziel, hart en geest?

Om de Wet van Shen Qi Jing wetenschappelijk te begrijpen, moeten we shen een wetenschappelijke definitie geven. Ten eerste, wat zijn de componenten van shen—ziel, hart en geest? Verschillende mensen, culturen, tradities, ideologieën, religies, filosofieën en wetenschappen hebben verschillende opvattingen.

Tijdens het bijwonen van een van Master Sha's workshops, had Dr. Rulin een "aha!" moment. Ze zag dat het mogelijk is om ziel, hart en geest te definiëren als natuurkundige grootheden en ze te berekenen met behulp van de kwantumfysica. Dit heeft tot gevolg dat we ziel, hart en geest, evenals spirituele en bewuste verschijnselen, wetenschappelijk en mathematisch kunnen begrijpen en bestuderen. Dit inzicht leidde uiteindelijk tot de Tao wetenschap.

In de Tao wetenschap worden ziel, hart, geest, energie en materie als volgt gedefinieerd:

De ziel is de inhoud van de informatie in alles en iedereen.

Het hart omvat het fysieke hart en het spirituele hart. Het spirituele hart is de ontvanger van de informatie in alles en iedereen.

Elk systeem, elk orgaan, elke cel, elk DNA, elk RNA en elke kleinste materie heeft zijn spirituele hart. Als we in dit boek over "hart" spreken, bedoelen we meestal het spirituele hart.

De geest is de verwerker van de informatie in alles en iedereen.

Energie is het vermogen om arbeid te verrichten, zoals het heffen van een gewicht. Energie is dat wat alles en iedereen in beweging zet.

Materie is de fysieke werkelijkheid. Het is alles wat we kunnen waarnemen en meten: gewicht, lengte, hoogte, lading, massa, elektrisch veld, vorm, kleur, frequentie, en andere fysische eigenschappen en grootheden. **Materie is de transformator van alles en iedereen.**

In de Tao wetenschap is het manifestatieproces als volgt:

$$\text{Ziel} \rightarrow \text{Hart} \rightarrow \text{Geest} \rightarrow \text{Energie} \rightarrow \text{Materie}$$

De ziel geeft een boodschap aan het hart. Het hart ontvangt de boodschap en activeert de geest. De geest verwerkt de boodschap en stuurt de energie aan. Energie komt in actie en zet de materie in beweging. Materie is wat we ervaren. Onze ziel, hart, geest en energie bepalen de materie die onze fysieke werkelijkheid is. Aan de andere kant kan een verandering in de materie onze ziel, hart, geest en energie transformeren. Daarom is materie de transformator. Ons fysieke leven is er om onze spirituele reis te dienen. Dat is om onze ziel, hart en geest te transformeren.

Laten we nu de bovenstaande definities en processen eens nader onderzoeken.

Wat is informatie?

Wij bevinden ons in het informatietijdperk. Wij hebben op elk moment en in elk aspect van ons leven met informatie te maken. Informatie beïnvloedt ons leven op een diepgaande manier. Wij kennen allen het belang van informatie. Wij zijn vertrouwd met het feit dat de informatie in financiële instellingen en registers van de overheid bepalend is voor onze rijkdom. Bijvoorbeeld, een familie bezit al generaties lang een groot stuk land met een groot landhuis. Deze familie wordt als welvarend beschouwd. Als op een dag de informatie verandert en aangeeft dat het land en het landhuis niet veel meer waard zijn en deze familie een enorme belastingschuld en andere schulden heeft, is de familie financieel arm. Dit laat ons zien dat informatie onze rijkdom bepaalt. Goede informatie is zeer waardevol.

Het belang van informatie kan niet worden overschat. Dit is bijvoorbeeld heel duidelijk tijdens een oorlog. Eén stukje informatie kan een heel land redden of vernietigen. Informatie is essentieel voor elk aspect van ons leven. Informatie kan een relatie doen oplichten of kapot maken. Het kan ons vreugde brengen; het kan ons ook zorgen baren of verdriet doen. Het kan ons ziek of gezond maken. Het kan ons verlichten, het kan ons in verwarring brengen. Het kan zowel geluk als rampspoed in ons leven brengen.

Wat is informatie? Informatie is de boodschap. Het is datgene wat informeert. Informeren is het beantwoorden van een vraag. Vragen kunnen zo worden gesteld dat het antwoord "ja" of "nee" is. Daarom kan informatie worden weergegeven als een opeenvolging van "ja" en "nee." Een computer specificeert informatie door een reeks van nullen en enen.

De wiskundige definitie van informatie is een betrekkelijk recente ontwikkeling. In de jaren twintig van de vorige eeuw vonden wetenschappers van Bell Labs, die onderzochten hoe de transmissie van informatie per telegraaf kon worden verbeterd, het noodzakelijk informatie te definiëren als een meetbare wiskundige grootheid. Claude Shannon, de grondlegger van de informatietheorie, besefte dat het meten van informatie neerkomt op het tellen van het aantal mogelijkheden. Hij gebruikte bits om informatie te meten. Eén bit informatie verwijst naar twee mogelijkheden—ja of nee, zwart of wit, enzovoort. Twee bits informatie staan voor vier mogelijkheden, twee paren van zwart of wit, of twee paren van ja of nee. Drie bits informatie duiden op acht mogelijkheden, drie paren van ja of nee. Bijvoorbeeld, een munt heeft twee kanten. Als je een muntstuk op een tafel legt, zijn er twee mogelijke afbeeldingen. In de wiskunde zeggen we dat er twee mogelijkheden zijn (2^1). Je hebt één stukje informatie nodig om de toestand van de munt te bepalen. Als je twee munten op een tafel legt, zijn er vier mogelijke toestanden, vier mogelijkheden (2^2). Je hebt twee stukjes informatie nodig om de staat van de twee munten te bepalen.

In het algemene geval vond Shannon dat de maatstaf van informatie verband houdt met de in de thermodynamica ontdekte entropie. Entropie meet de mogelijke toestanden in een systeem. In het bijzonder meet het wanorde. Wanorde is het bestaan van ongerelateerde mogelijke toestanden. Een fundamentele ontdekking in de thermodynamica is dat warmte, die een vorm van energie is, toeneemt met de entropie en de temperatuur. Dit vertelt ons dat informatie direct energie kan creëren. Warmte is de energie die door informatie wordt gecreëerd.

Materie en energie kunnen worden verwerkt, vervoerd, gemanipuleerd en overgedragen; dat geldt ook voor informatie. In het informatietijdperk zijn de meesten van ons vertrouwd met het verwerken, overbrengen, downloaden, verplaatsen en overdragen van informatie. Computers en het internet zijn technologieën die het ons gemakkelijk maken informatie te verwerken, over te dragen, te verzenden, te verplaatsen en te downloaden. Het is een belangrijk deel van ons leven geworden.

Onze wereld, alles en iedereen, bestaat uit materie, energie, en informatie. Materie, energie en informatie bestaan naast elkaar in alles en iedereen. Er is geen materie die geen informatie en energie in zich draagt. Evenzo is er geen energie die geen materie en informatie in zich draagt. En er is geen informatie die niet door materie en energie wordt gedragen. Materie en energie zijn de dragers van boodschap of informatie. Materie, energie en informatie zijn de drie basiselementen van alles en iedereen.

Wij stellen voor dat shen informatie is. Qi is energie. Jing is materie. De Wet van Shen Qi Jing kan ook als volgt worden uitgedrukt:

**Alles en iedereen bestaat uit informatie (shen),
energie (qi) en materie (jing).**

Ziel, hart en geest zijn drie aspecten van informatie: de inhoud van informatie, de ontvanger van informatie, en de verwerker van informatie.

Kwantumfysica van Shen Qi Jing

Kwantumfysica is de wetenschap die momenteel op het diepste niveau onthult waar alles en iedereen uit bestaat en hoe het zich gedraagt. Wat kan de kwantumfysica ons vertellen over onze ziel, hart, geest, energie en materie? De kwantumwereld is intrigerend, magisch en geeft kracht. We zullen ook zien hoe de Wet van Shen Qi Jing licht kan werpen op enkele uitdagende problemen in de kwantumfysica.

Stel je nu voor dat je een kwantumfysicus bent. Je hebt een krachtige microscoop. Je gaat deze microscoop gebruiken om uit te vinden waar alles en iedereen uit bestaat en hoe het werkt op de kleinste schaal.

Je bekijkt je lichaam onder de microscoop. Je ontdekt dat, hoewel verschillende delen van je lichaam er verschillend uitzien, ze in wezen allemaal hetzelfde zijn, in die zin dat ze allemaal uit cellen bestaan.

Nu stel je je microscoop bij en kijk je naar de cellen. Je ontdekt dat, hoewel er vele soorten cellen zijn, alle cellen uit moleculen bestaan.

Nu stel je je microscoop bij en kijk je naar de moleculen. Je ontdekt dat, hoewel er vele soorten moleculen zijn, alle moleculen uit atomen bestaan.

Nu stel je je microscoop bij en kijk je naar de atomen. Je ontdekt dat, hoewel er vele soorten atomen zijn, alle atomen bestaan uit een kern en elektronen.

Omdat je microscoop zo krachtig is, kun je nu je microscoop bijstellen en naar de kern kijken. Je ontdekt dat de kern bestaat uit protonen en neutronen. In het echt is geen enkele microscoop krachtig genoeg om te zien wat er in een atoomkern gebeurt. Deeltjesnatuurkundigen bestuderen de kern door met een versneller deeltjes met een hoge energie te produceren. Zij "bombarderen" de kern met deze hoogenergetische deeltjes en observeren dan wat door het "bombarderen" wordt geproduceerd. Uit deze analyse hebben zij ontdekt dat de kern bestaat uit protonen en neutronen. Op dezelfde manier bestuderen zij waar protonen en neutronen uit bestaan. Door middel van lange en moeilijke experimenten en wiskundige deductie hebben zij ontdekt dat protonen en neutronen bestaan uit quarks en gluonen.

Nu kijk je naar quarks, elektronen, gluonen, en fotonen. Je ontdekt dat ze compleet lijken te zijn. Je kunt ze niet verder uit elkaar halen. Zij zijn de basisbouwstenen voor onze wereld. Kwantumfysici noemen ze elementaire deeltjes.

Tot je verbazing, hoewel deze elementaire deeltjes energie, lading, spin en zelfs massa hebben, gedragen ze zich helemaal niet als deeltjes. Ze gedragen zich allemaal als golven.

Golf wordt ook trilling genoemd. Een golf is een periodieke oscillatie. Een golf wordt gekenmerkt door zijn golflengte, frequentie en amplitude. De golflengte is de afstand tussen opeenvolgende kammen van een golf. Het is de afstand tussen twee aangrenzende golven. De frequentie is het aantal keren dat een zich herhalende oscillatie per seconde voorkomt. Frequentie geeft aan hoe snel een golf oscilleert. De periode geeft de tijd aan die een golf nodig heeft om één volledige cyclus te oscilleren. Amplitude geeft de hoogte aan van een golf. Een golf is voortdurend in beweging. Als een golf beweegt, brengt hij materie, energie en informatie naar verschillende plaatsen. Snelheid geeft aan hoe snel een golf beweegt.

Het volgende schema illustreert de golflengte, de frequentie, de amplitude en de snelheid van een golf:

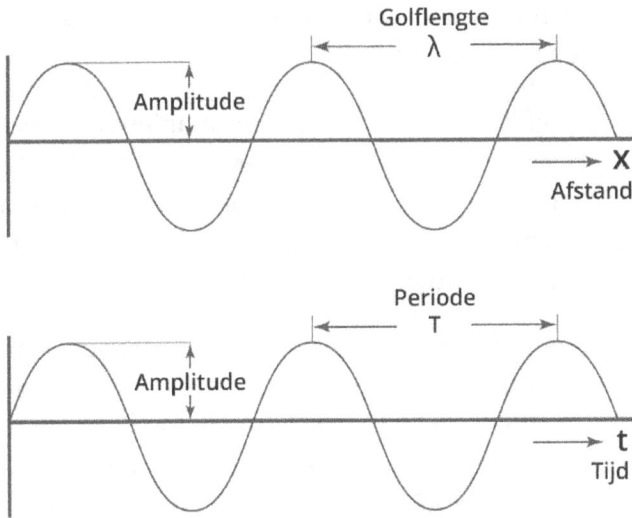

Afbeelding 1: Kenmerken van een golf

Laten we nu op een mooi strand in Hawaï gaan zitten en naar de golven kijken. Je kunt in de oceaan springen en je door de golven op en neer laten meevoeren. Je kunt op de golven surfen en je door de golven laten voortbewegen. Je kunt gewoon naar de golven en de surfers kijken en de opwinding en het enthousiasme zien van de surfers die de golven vangen en over de golven glijden.

Kijk goed naar de oceaangolven. In tegenstelling tot een stilstaand voorwerp, blijven golven nooit stil op één plaats. Ze trillen en bewegen voortdurend. De oceaangolven trillen, gaan op en neer. Ze bewegen zich voort en spatten uiteen op de kust. Ze bewegen van de ene plaats naar de andere. Ze zijn er in de hele oceaan. Op dezelfde manier trilt en beweegt een kwantumgolf voortdurend, net als de oceaangolven. Kwantumgolven bestaan in alle ruimte en tijd.

Kijk nu wat beter naar de golven in de oceaan. Je ziet dat er allerlei soorten golven in de oceaan zijn. Er zijn lange golven en korte golven. Er zijn hoge golven en lage golven. Net als de oceaan bevat alles en iedereen meestal niet slechts één golf. Ze bevatten vele golven. Alles en iedereen is in feite een trillingsveld dat vele soorten golven bevat, net als de oceaan.

Een kwantumgolf verschilt echter op twee manieren van een oceaangolf. Een oceaangolf wordt gedragen door oceaanwater. Een kwantumgolf heeft geen middel zoals oceaanwater nodig om hem te dragen. Een kwantumgolf bestaat op eigen kracht. Kwantumgolven zijn de fundamentele bouwstenen van alles en iedereen.

Elk trillingsveld bevat informatie, energie en materie. De energie en het momentum van een kwantumgolf hangen samen met de frequentie en de golflengte. Het momentum is het product van massa en snelheid. Massa is een maat voor de weerstand tegen beweging of inertie. Snelheid is de grootheid die ons vertelt hoe snel iets beweegt. Hoe meer momentum iemand of iets heeft, hoe groter de impact zal zijn wanneer je er tegenaan botst. Kwantumfysici vinden dat hoe hoger de frequentie van een golf is, hoe meer energie hij bevat. Hoe korter de golflengte, hoe meer momentum de golf bevat.

Golffunctie

Aangezien alles en iedereen uit golven bestaat, gebruiken kwantumfysici golffuncties om alles en iedereen wiskundig te beschrijven. Een golffunctie is de wiskundige formule die de soorten golven weergeeft en de hoeveelheid van elke golf die iemand in zijn trillingsveld heeft.

De meest gebruikelijke symbolen voor een golffunctie zijn de Griekse letters ψ of Ψ (kleine letter en hoofdletter psi). Uitgedrukt in ruimte-tijdcoördinaten vertelt de golffunctie ons de waarschijnlijkheid dat het voorwerp zich op de aangewezen plaats en tijd zal bevinden. Uit de golffunctie kunnen wij de eigenschappen en kwaliteiten, zoals informatie, energie, frequenties, en materie, over alles en iedereen berekenen. Uit de golffunctie kunnen wij onze ziel, hart en geest berekenen.

Samengevat, kwantumfysica vertelt ons dat op het diepste niveau:

alles en iedereen een trillingsveld is. Het trillingsveld bevat informatie (shen, inclusief ziel, hart en geest), energie (qi), en materie (jing).

Een trillingsveld is iets dat zich uitstrekt over ruimte en tijd. Als we steeds dieper in alles en iedereen kijken, ontdekken we dat:

- we niet zo solide zijn als we lijken te zijn. Onze vibraties kunnen door muren reizen.

- wij niet de beperkte fysieke objecten zijn die we lijken te zijn. Wij zijn oneindige velden die zich uitstrekken over alle ruimte en door alle tijd.

Oude Chinese geschriften onthullen dat Taoïstische heiligen het vermogen hadden om te verdwijnen, met de wind mee te reizen, onmiddellijk op een verre plaats te verschijnen, door de hemel te reizen, door muren te lopen en nog veel meer. De Tao wetenschap kan de wetenschappelijke mogelijkheid van deze vermogens verklaren omdat alles en iedereen in essentie een trillingsveld is. De voor de hand liggende vraag is: waarom konden deze Taoïstische heiligen dergelijke vermogens bezitten terwijl gewone mensen dat niet kunnen? Kunnen wij deze vermogens ontwikkelen? Hoe kunnen we dat doen? Een van de doelstellingen van Tao wetenschap is je te voorzien van de wijsheid en de oefeningen om deze hogere krachten en vermogens te bereiken. We zullen deze vragen blijven onderzoeken. Zoals je zult leren, ligt het antwoord op deze vragen in de kracht van positieve shen qi jing.

Alles en iedereen heeft een ziel, hart en geest

Volgens onze definities van ziel, hart en geest hierboven, heeft alles en iedereen ziel, hart, geest, energie en materie. Quarks, elektronen, atomen, moleculen, cellen, dieren, planten, bergen, water, mineralen, planeten, sterren, sterrenstelsels en universa hebben allemaal ziel, hart, geest, energie en materie. Niets bestaat zonder ziel, hart, geest, energie en materie. Dit komt omdat alles en iedereen informatie, energie en materie bevat. Alles en iedereen ontvangt en verwerkt voortdurend informatie, energie en materie. In die zin heeft alles en iedereen bewustzijn.

Onderzoeker Cleve Backster bestudeerde zesendertig jaar lang de biocommunicatie in planten-, dieren- en mensencellen. Als voorma- lig ondervragingsspecialist voor de CIA, gebruikte Backster poly- graafapparatuur om planten-, dieren- en mensencellen in zijn laboratorium te bestuderen. Hij ontdekte dat planten afgestemd raakten op hun voornaamste verzorgers en reageerden op zowel hun positieve als negatieve emoties. Backster merkte op dat de afstand tussen de planten en hun verzorgers irrelevant leek te zijn in deze experimenten. Dit wijst erop dat de verbinding tussen planten en hun verzorgers ruimte en tijd overstijgt. Zelfs het blokkeren van elek- tromagnetische straling van en naar de planten verbrak deze verbin- ding niet. Dit betekent dat deze verbinding niet het gevolg is van overdracht van informatie via het elektromagnetische veld. In soort- gelijke experimenten ontdekte Backster dat eenzelfde soort verbin- ding bestaat tussen witte bloedcellen en hun menselijke donor. De spontane emoties van de donor kunnen de activiteiten van de cellen beïnvloeden, ongeacht de afstand tussen hen. De experimenten van Backster tonen aan dat planten-, dieren- en menselijke cellen een be- wustzijn hebben.

Vele tradities en culturen bezitten de wijsheid en kennis dat alles en iedereen spirit, hart en bewustzijn heeft. Deze wijsheid en kennis is terug te vinden in elk aspect van het leven van de Hawaiianen. In Hawaii hoor je wel eens een verhaal over hoe een klein steentje je relatie kan verwoesten en rampen in je leven kan brengen als je het niet goed behandelt. Mensen overleggen met het land voordat ze er iets aan doen. Ze vragen bijvoorbeeld toestemming aan een boom voordat ze hem omhakken. Wanneer de lava van een vulkaanuitbarsting tot evacuatie dwingt, zetten ze whisky en een goed bereide maaltijd voor hun huis om hun eer en respect te betuigen aan Pele, de vuurgodin van de vulkaan. Er zijn vele verhalen bekend over hoe dit gebaar veel huizen van de ondergang heeft gered.

Toen ze in Hawaii woonde, leerde Dr. Rulin van de Hawaiianen hoe te leven in deze magische wereld waar alle wezens bewust zijn. Ze zal nooit de eerste keer vergeten dat ze een boom tegen haar hoorde praten. Ze zal zich altijd de gelukzaligheid herinneren die ze voelde toen dolfijnen naar haar toe kwamen om hun vreugde, wijsheid en heiligheid met haar te delen. Zij koestert voor altijd de immens gelukzalige ervaring toen een rotsblok bij de oceaan naast haar huis zijn levensreis van miljoenen jaren met haar deelde. Zij is eeuwig dankbaar voor het onderricht, zegeningen en downloads die zij heeft ontvangen van Pele en andere Hawaiiaanse goden en godinnen, maar ook van heilige plaatsen zoals Mt. Shasta, Sedona, Mexicaanse piramides, en van vele spirituele vaders en moeders, waaronder Master Sha, Babaji, boeddha's, Taoïstische heiligen, en andere heilige wezens.

In haar eigen woorden deelt zij enkele van haar ervaringen met Mevrouw Pele, de Hawaiiaanse godin van de vulkaan:

"Twee Hawaiiaanse kahuna's brachten ons naar een vulkaankrater. Kahuna's zijn Hawaiiaanse priesters. Zij dragen de heilige wijsheid, het vermogen en de beoefening in zich om te communiceren en interactie te hebben met de spirituele wereld. Ze hielden een eenvoudige ceremonie, waaronder een aanroep en Hawaiiaans gezang om in contact te komen met Pele. Daarna begeleidden ze ons om op een spirituele reis te gaan om haar te ontmoeten.

"Pele verscheen aan mij in spirituele vorm als een prachtige vrouw met weelderig donkerzwart haar en een lichaam gevuld met hete levenskracht. Ze nam me mee naar haar prachtige paleis en toonde me haar immense creatiekracht. Ze demonstreerde hoe ze de aarde kon laten bewegen met haar passie. Toen wendde zij zich tot mij, keek mij diep in de ogen en zei: 'Mijn geliefde zuster, jij hebt dezelfde kracht. Vertrouw op jezelf.'

"Na deze ervaring met mevrouw Pele, maak ik elke volle maan-nacht een wandeling in het maanlicht zonder zaklamp om haar te zien. Elke keer deelt ze veel wijsheid met me en geeft ze me veel zegeningen.

"Pele houdt van me als haar geliefde zuster. Ze behandelt me altijd met verbazingwekkende gastvrijheid. Soms probeert ze me bang te maken en me te testen. Eens nodigde een spirituele meester me uit om samen met hem een ceremonie te doen om de offerrandes van de mensen aan Pele te brengen. We liepen op een lavaveld, de hete oranje en rode lava recht onder onze voeten met slechts een dunne laag zwarte lavasteen die ons ondersteunde. Terwijl ik eenvoudige sandalen droeg en het grootste deel van mijn voeten bloot waren, kwam het idee bij me op dat ik gemakkelijk mijn beide voeten zou kunnen verliezen als ze in contact zouden komen met slechts een klein deel van de rode en oranje lava. Vertrouwend op Pele's liefde, liep ik door. We droegen een prachtige offerceremonie op aan Pele.

"Eens nam ik een van mijn gasten mee om Pele te zien. We maakten een lange wandeling over het zwarte lavaveld. Uiteindelijk bereikten we de oceaan waar hete, oranjerode lava de oceaan in stroomde, twee meter onder ons. We deden een eenvoudige ceremonie om onze dankbaarheid aan Pele en Moeder Aarde uit te drukken. Ik offerde een van de twee appels die we meegenomen hadden aan Pele. Daarna zaten we rustig op een steen ons avondmaal te eten.

"Plotseling merkte ik dat de lavastroom onder ons veel groter was dan daarvoor. Hij werd snel groter. Voordat we beseften wat er aan de hand was, verscheen er een grote rivier van lava, die naar de oceaan stroomde. Ik begon te schreeuwen, 'Pele geeft ons een show! Pele geeft ons een show! Pele geeft ons een show!'

"Alsof ze aangemoedigd werd door mijn enthousiasme, groeide de rivier van lava snel en werd een meer van lava. Toen kwam er een lava 'waterval' bij. Mijn vriend en ik huilden, schreeuwden en gilden van opwinding als kleine kinderen. Pele hield van ons enthousiasme en ontketende nog veel meer watervallen van lava! 'Wauw! Wauw! Wauw!' Zoiets spectaculairs hadden we nog nooit gezien. We schreeuwden steeds harder van plezier.

"Verder gestimuleerd door onze geestdrift, liet Pele grote spetters van oranjerode lava in de lucht los. Het leek wel vuurwerk. De pracht was niet te beschrijven. We waren verbijsterd en betoverd.

"Na meer dan een uur van grote opwinding waren wij tweeën uitgeput. We vertelden Pele hoe onder de indruk en dankbaar we waren voor de show die ze ons had gegeven. We zaten daar rustig, nog steeds genietend van het spectaculaire tafereel. Toen zagen we het lavavuurwerk en de lavawatervallen verdwijnen. Het lavameer werd geleidelijk donkerder en donkerder, en zonk toen weg.

"We beseften plotseling dat we een foto moesten nemen. We haalden onze camera tevoorschijn. De batterij van de camera was leeg en we konden niet eens één foto nemen. Ik realiseerde me dat Pele niet wilde dat we haar kracht aan anderen zouden tonen. Ze is mijn zuster. Ze wilde mij en mijn gast gewoon trakteren omdat we haar kwamen bezoeken."

– Dr. Rulin Xiu's ervaring met Pele,
de vuurgodin van de vulkaan, in 2008

Wanneer je jouw ziel, hart en geest opent en je verbindt met de ziel, hart en geest van alle wezens, zal je leven worden verruimd voorbij je bevattingsvermogen. Je zult een wereld beginnen te ervaren met immense vreugde, liefde, wijsheid, harmonie, overvloed en kracht. Beste lezer, we hopen dat de Tao wetenschap je ziel, hart en geest zal openen en je in staat zal stellen om een leven vol liefde, vreugde, verwondering, kracht en wonderen te leiden.

Eenwording van wetenschap en spiritualiteit

Met de volle bloei van de wetenschappelijke revolutie zo'n driehonderd jaar geleden, werd de natuurwetenschap gescheiden van de spirituele, bewustwordings- en religieuze disciplines. De natuurkunde, de grondslag van de natuurwetenschap, bestudeert materie en energie. Zij gebruikt grootheden als massa, gewicht, volume, energie, snelheid, entropie, elektrisch veld, spin en meer om alles en iedereen te beschrijven. Grootheden in de natuurkunde zijn de zaken die fysisch gemeten en wiskundig berekend kunnen worden. Natuurkundige wetten gebruiken wiskundige formules om reproduceerbare experimenten met materie en energie te beschrijven. Vanwege de reproduceerbaarheid en berekenbaarheid van deze grootheden hebben natuurkunde en natuurwetenschap het grote vermogen om uitvindingen te doen om materie en energie te gebruiken, te transformeren en te transporteren. Natuurkunde en natuurwetenschap hebben mensen geholpen lichamelijk een beter leven te leiden. De daaruit voortvloeiende uitvindingen en nieuwe technologieën hebben het veel gemakkelijker gemaakt om fysiek werk te verrichten en hebben ons bevrijd van vele soorten arbeid. Ze hebben veel dromen en fantasieën tot werkelijkheid gemaakt. Nu kunnen we naar bijna elke plek op Moeder Aarde vliegen en zelfs naar de ruimte. We kunnen bijna onmiddellijk spreken met iedereen op Moeder Aarde die ook een telefoon heeft. We kunnen diep in de ruimte kijken, miljarden lichtjaren van ons vandaan.

De focus van de natuurwetenschap op het fysieke bestaan, met uitsluiting van onze ziel (spirit), hart en geest (bewustzijn), heeft echter ernstige negatieve neveneffecten gehad. Het heeft ertoe geleid dat veel mensen slaaf zijn geworden van de materiële wereld. Het heeft een diepe scheiding veroorzaakt in onze eigen ziel, hart, geest en lichaam en ook in onze culturen, samenleving en wereld. Met de steeds toenemende populariteit en invloed van de wetenschap op ons leven, heeft deze afscheiding bijgedragen aan de alarmerende toename van depressie en angst, vooral onder kinderen, en aan escalerende uitdagingen in al onze relaties. Zij heeft een ongekende vervuiling teweeggebracht in onze ziel, hart en geest, in onze samenleving, in ons milieu en in de wereld. Zij heeft bijgedragen tot het veroorzaken van oorlogen op grote schaal en massale vernietiging van de natuur. Wetenschap zonder ziel, hart en geest heeft keer op keer bewezen gevaarlijk te zijn. "Vooruitgang" in de natuurwetenschap heeft geleid tot de ontwikkeling van nucleaire, chemische en biologische wapens, waarvan sommige de mensheid in een kwestie van minuten kunnen wegvagen.

Aan de andere kant zijn spiritualiteit en religie zonder wetenschap ook onvolledig. Zoals Albert Einstein zei:

"Wetenschap zonder religie is kreupel, en religie zonder wetenschap is blind."

Sommige mensen hebben het geloof in spirituele overtuigingen en tradities verloren.

De eenwording van wetenschap en spiritualiteit is dringend nodig om ons, onze samenleving en de wereld weer heel te maken. Het kan helpen om meer liefde, vrede en harmonie te brengen aan de mensheid en Moeder Aarde. Onze droom is dat wetenschap en spiritualiteit zich kunnen verenigen als één om elkaar te verrijken en naar een hoger plan te brengen.

In de afgelopen jaren hebben steeds meer mensen gezocht naar een manier om wetenschap en spiritualiteit te integreren. Velen hebben getracht geestelijke- en bewustzijns-verschijnselen wetenschappelijk

te verklaren in termen van materie en energie. Sommigen hebben geprobeerd natuurkundige verschijnselen te verklaren met bewustzijn
en spiritualiteit. Vele filosofieën, ideologieën en tradities gaan uit
van het naast elkaar bestaan van een fysiek en spiritueel bestaan.

De Wet van Shen Qi Jing stelt ons in staat om ziel, hart, geest, energie
en materie samen te bestuderen binnen één wetenschappelijk kader.
Het biedt een manier om natuurwetenschap te integreren met spiritualiteit op het meest fundamentele niveau. Zoals we later zullen laten zien, biedt de Wet van Shen Qi Jing een manier om een
eenvoudige maar krachtige metafysische interpretatie te geven van
de kwantumfysica. Het legt ook de basis voor de Grote Eenwordingstheorie om niet alleen de fundamentele fysieke krachten te verenigen, maar ook om onze ziel, hart, geest en lichaam te verenigen,
om wetenschap te verenigen met liefde en spiritualiteit en om de
mensheid te verenigen met de natuur, zodat we in harmonie kunnen
leven met onszelf, met elkaar en onze omgeving. Belangrijker nog,
deze wet maakt het mogelijk om onze menselijke beperkingen te
overstijgen, om ieder individu en de gehele mensheid te verbinden
en op te tillen naar onze hogere krachten.

Samengevat:

- De Wet van Shen Qi Jing (in wetenschappelijke termen, de
  Wet van Informatie Energie Materie): alles en iedereen bestaat uit shen (informatie), energie en materie.

- Shen is informatie. Informatie wil zeggen de mogelijkheden
  en mogelijke toestanden van iets of iemand.

- Shen omvat drie elementen: ziel, hart en geest. Ziel, hart en
  geest hebben betrekking op drie aspecten van informatie van
  iets of iemand.
    - De ziel is de inhoud van de informatie.
    - Het hart is de ontvanger van de informatie.
    - De geest is de verwerker van de informatie.

- Alles en iedereen heeft een ziel, hart, geest, energie en materie.
  - Energie is het vermogen om arbeid te verrichten.
  - Materie is alles wat we waarnemen op fysiek niveau.

Een belangrijke oefening voor jezelf is om te observeren wat voor soort informatie wordt overgedragen in je gedachten, gevoelens, emoties, spraak en meer. Wees je bewust van hoe je informatie ont- vangt en verwerkt. Kijk hoe de informatie je leven beïnvloedt.

Kracht van de ziel

ZIEL IS DE inhoud van informatie binnen iemands trillingsveld. Iemands ziel bepaalt iemands hart, geest, energie en materie. De ziel is de baas. De kracht van de ziel kennen is het hoogste doel van ons leven begrijpen en de hoogste kracht gebruiken die we hebben.

Zielenlichttijdperk

Het begin van de eenentwintigste eeuw is de overgangsperiode naar een nieuw tijdperk voor de mensheid, Moeder Aarde, en alle universa. Dit tijdperk wordt het Zielenlichttijdperk genoemd. Het Zielenlichttijdperk begon op 8 augustus 2003. Het zal ten minste vijftienduizend jaar duren.

Natuurrampen, menselijke catastrofes, sociale omwentelingen, oorlogen, terrorisme, ziekten, kernwapens, vervuiling, economische uitdagingen, energiecrises, verdwijnende soorten, opwarming van de aarde en vele andere verschijnselen die we nu meemaken, maken deel uit van deze overgang.

Op individueel niveau neemt het aantal mensen dat lijdt aan pijn, depressie, angst, woede, verdriet en zorgen, alsook aan chronische ziekten en relationele en financiële problemen, in een alarmerend tempo toe. Dit zijn allemaal tekenen dat de mensheid op een diep niveau moet transformeren naar een nieuwe manier van zijn.

De mensheid heeft in de geschiedenis vele stadia doorgemaakt met verschillende niveaus van bewustzijn. Het eerste bewustzijnsniveau is het **overlevingsbewustzijn**. In dit stadium richten mensen zich op fysiek overleven. Zij gebruiken menselijke arbeid, natuurlijke hulpbronnen, dieren en planten, het huwelijk, menselijke voortplanting, oorlogen, wetten en nog veel meer om te overleven en hun overtuigingen en culturen uit te dragen. Deze periode van de menselijke geschiedenis wordt beheerst door gevechten om land, rijkdom, fysieke hulpbronnen en vele andere materiële dingen. Laten we dit het tijdperk van "kracht boven materie" noemen.

Het tweede niveau van bewustzijn is **het energiebewustzijn**. In dit stadium streven mensen ernaar hun energie te ontwikkelen. Zij ontwikkelden oefeningen zoals yoga, kung fu, qi gong, machines, gereedschappen, wapens, voertuigen, het domesticeren van dieren, het delven van steenkool, het boren naar olie, het ontwikkelen van kernenergie, kernwapens, geneeskunde, en vele andere technologieën, evenals wetten, regels, en zelfs oorlogen om hun vermogen om energie te gebruiken te vergroten. Laten we dit het tijdperk van "energie boven materie" noemen.

Het derde niveau van bewustzijn is **het geestbewustzijn**. In dit stadium beseffen mensen de kracht van de geest. De geest heeft het vermogen om informatie te verwerken en energie te sturen. Mensen gebruiken computers en vele andere instrumenten om hun geestkracht te vergroten. Ze gebruiken ook psychoanalyse, technieken om controle te krijgen over de geest, yoga, meditatie, kung fu, qi gong, en vele andere manieren om de geest te beheersen en te zuiveren. Zij gebruiken media, propaganda, marketing en reclame, boeken, video's, films, muziek en nog veel meer om de geest van de mensen te beïnvloeden. Laten we dit het tijdperk noemen van "geest boven materie."

Het vierde niveau van bewustzijn is **het hartbewustzijn**. In dit stadium beseffen mensen de kracht van het hart. De functie van ons spirituele hart is het ontvangen van informatie. We hebben de telescoop, microscoop, versnellers, deeltjesdetectoren, microgolfdetectoren, infrarood en ultraviolet spectrometrie, gammastraaldetectoren, MRI, en vele andere instrumenten uitgevonden, evenals satellieten, spaceshuttles en meer om ons vermogen om informatie te ontvangen uit te breiden. Het grootste deel van de mensheid heeft zich echter nog niet volledig rekenschap gegeven van de kracht van ons eigen hart en de diepe waarheid over "hart boven materie": *wat ons hart ontvangt is wat wij manifesteren*. We hebben ons eigen hart niet genoeg geopend om wijsheid, kennis en boodschappen van hoog niveau te ontvangen. Hartziekten zijn momenteel doodsoorzaak nummer één in de wereld.

Het vijfde niveau van bewustzijn is **het zielsbewustzijn**. Herinner je dat de ziel de informatie in ons is. In dit stadium erkennen wij dat onze ziel vele wonderbaarlijke vermogens bezit, zoals intuïtie, direct weten, telepathie, helderziendheid, healing op afstand, teleportatie en meer. We kunnen deze vermogens van de ziel gebruiken om groot succes te behalen in elk aspect van ons leven. We beseffen het belang van onze ziel. Heel eerst de ziel, en dan zal healing van hart, geest, lichaam en elk aspect van ons leven volgen. We leren de kracht van onze ziel te gebruiken om onze ziel, hart, geest, energie, lichaam en elk aspect van ons leven te helen, te transformeren en op een hoger niveau te brengen. We beginnen de grotere mogelijkheden, de diepere betekenissen en de hogere doelen van ons leven te zien. We verbinden ons met onze ziel, ontwikkelen, helen, transformeren en verlichten haar. Dit is het tijdperk van "ziel boven materie."

De wetenschappelijke revolutie voltooide het tijdperk van "kracht boven materie." De industriële revolutie heeft "energie boven materie" gebracht. Met het informatietijdperk startte het tijdperk van "informatie boven materie." De Tao wetenschap zal ons van het informatietijdperk naar het Zielenlichttijdperk brengen. Het Zielenlichttijdperk is het tijdperk van "ziel boven materie." In het Zielenlichttijdperk zal de mensheid een nieuw niveau van bestaan bereiken met wonderbaarlijke vermogens, volledig gerealiseerd potentieel, krachten, intelligentie, doel en zin van het leven.

Laten we nu het Zielenlichttijdperk binnenstappen en de kracht van de ziel onderzoeken en hoe we die kunnen gebruiken.

De ziel bevat enorme wijsheid en kennis

De kracht van de ziel bestaat uit twee aspecten. Het ene is hogere wijsheid en bredere kennis. Het andere is wonderbaarlijke vermogens en krachten.

De ziel is de inhoud van onze informatie. Onze ziel bevat enorme hoeveelheden informatie. Een deel van die informatie is verzameld door onze daden, gedragingen, spraak en gedachten in het verleden, een deel is afkomstig van onze voorouders en een deel is afkomstig van onze verbindingen met Moeder Aarde, de Hemel en meer. Toegang tot onze enorme zieleninformatie kan ons voorzien van gigantische wijsheid en kennis op hoog niveau.

Veel mensen hebben gehoord over de Akasha Kronieken. Akasha is het Sanskriet woord voor *lucht* of *ether*. In het Hindi betekent akash *lucht* of *hemel*. De Akasha Kronieken zijn de verslaglegging van alle gebeurtenissen, gedachten, woorden, emoties en intenties die ooit hebben plaatsgevonden. Sommige mensen geloven dat de Akasha Kronieken gecodeerd zijn in een niet-fysiek bestaansniveau dat bekend staat als het etherische niveau. Er zijn anekdotische verhalen maar geen wetenschappelijk bewijs voor het bestaan van de Akasha Kronieken.

In de Tao wetenschap heeft alles en iedereen een ziel. De ziel is de inhoud van de informatie in ons trillingsveld. De golffunctie geeft het wiskundig weer. Jouw Akasha kroniek is in essentie de informatie in jouw ziel.

Een kwantum trillingsveld strekt zich uit over alle ruimte en tijd, tenzij het wordt geblokkeerd. De informatie van je ziel strekt zich uit over alle ruimte en tijd. Je zieleninformatie kan over alle ruimte en tijd worden ontvangen. Daarom kun je, wanneer je zielencommunicatie op hoog niveau kunt doen, zowel je eigen zieleninformatie als die van andere mensen ontvangen, zelfs wanneer je niet in direct contact met hen bent.

Naast de enorme informatie en wijsheid die in je ziel besloten ligt, beschikt je ziel ook over wonderbaarlijke krachten. Om de wonderbaarlijke vermogens van je ziel te kunnen begrijpen, moet je een belangrijk kwantumverschijnsel begrijpen: kwantumverstrengeling.

Kwantumverstrengeling

Kwantumfysici hebben een wereldschokkend kwantumverschijnsel ontdekt: kwantumverstrengeling. Wanneer twee of meer golven uit dezelfde bron ontstaan, zijn ze kwantum verstrengeld. Kwantumverstrengeling betekent dat de toestanden van twee of meer golven of trillingen met elkaar verbonden zijn. Wanneer een of meer golven in bepaalde toestand worden waargenomen, zullen de andere golven waarmee zij kwantum verstrengeld zijn, zich onmiddellijk manifesteren in de toestand die door de kwantumverstrengeling wordt bepaald, ongeacht hoe ver zij van elkaar verwijderd zijn. Dit lijkt in strijd te zijn met het principe van oorzaak en gevolg.

Albert Einstein noemde verschijnselen van kwantumverstrengeling "mysterieuze actie op afstand" omdat ze onmiddellijk optreden. Hij dacht dat het niet afhing van de uitwisseling en overdracht van informatie door ruimte en tijd. Dit is niet in overeenstemming met het basisprincipe van Einsteins relativiteitstheorie. Volgens Einsteins relativiteitstheorie kan informatie niet sneller reizen dan de snelheid van het licht. Omdat verschijnselen van kwantumverstrengeling ogenblikkelijk zijn, zijn zij onmogelijk volgens Einsteins relativiteitstheorie.

Veel wetenschappers hebben geprobeerd kwantumverstrengeling te weerleggen. Nu, meer dan honderd jaar later, is kwantumverstrengeling echter door talrijke experimenten geverifieerd als een echt kwantumverschijnsel.

Kwantumverstrengeling is een belangrijke eigenschap van kwantumgolven. Aangezien alles en iedereen uit kwantumgolven bestaat, heeft alles en iedereen deze eigenschap. Alles en iedereen kan onmiddellijk invloed uitoefenen op datgene waarmee het kwantumverstrengeld is, ongeacht hoe ver ze van elkaar verwijderd zijn. Hoe zulke niet-lokale verschijnselen kunnen plaatsvinden is een van de raadsels van de moderne natuurkunde.

In hoofdstuk elf zullen we je laten zien hoe je kwantumverstrengeling kunt begrijpen en afleiden uit de fundamentele wetten en principes van de Tao wetenschap. Laten we het voor nu eenvoudigweg accepteren als een basiskwaliteit van ons trillingsveld.

De wonderbaarlijke kracht van de ziel

Door kwantumverstrengeling kan je ziel ogenblikkelijk effect en invloed hebben op anderen. Door kwantumverstrengeling kan je ziel onmiddellijk van de ene plaats naar vele andere plaatsen reizen. Door middel van kwantumverstrengeling kan je ziel op afstand weten, op afstand onmiddellijk invloed uitoefenen, intuïtief zijn, op afstand en onmiddellijk helen, telepathisch communiceren, psychokinese produceren, helderziendheid bezitten en nog veel meer.

Velen van ons zouden nooit gedacht hebben dat wij deze wonderbaarlijke zielenvermogens bezitten. We hebben echter allemaal wel eens de ervaring gehad dat we bepaalde dingen gewoon weten zonder dat iemand het ons vertelt. Misschien merk je soms hoe jouw gedachten en gevoelens andere mensen beïnvloeden, zelfs als je ze geheim houdt. Omgekeerd kun je ook merken hoe de gedachten en gevoelens van andere mensen jou beïnvloeden, zelfs als zij proberen ze voor je te verbergen.

Alles en iedereen bestaat uit kwantumgolven. Kwantumverstrenge-ling is een van de basiskwaliteiten van kwantumgolven. Daarom heeft alles en iedereen in wezen deze wonderbaarlijke spirituele ver-mogens. Het zijn geen speciale privileges of gaven van een paar uit-verkoren spirituele meesters. Ieder van ons heeft het vermogen om wonderen te creëren. Het is ons geboorterecht. Maar we moeten onze ziel, hart, geest en lichaam ontwikkelen om onze vermogens van kwantumverstrengeling en zielenkracht te vergroten. Alles en iedereen heeft de zielenkracht om degenen met wie zij kwantumverstrengeld zijn onmiddellijk te beïnvloeden. Hoe meer kwantumverstrengeling we hebben met anderen, hoe meer zielenkracht we bezitten.

Russell Targ is een natuurkundige die tientallen jaren heeft gewerkt in een overheidsprogramma van de Verenigde Staten waarin "re-mote viewing" werd onderzocht. Remote viewing is de beoefening van het zoeken naar indrukken over een ver verwijderd of onzicht-baar doel met behulp van subjectieve middelen, in het bijzonder bui-tenzintuiglijke waarneming (ESP). Als medeoprichter van het Stanford Research Institute (SRI), een denktank voor onderzoek en ontwikkeling in Menlo Park, Californië, onderzocht Targ in de jaren 1970 en 1980 paranormale gaven. Zijn onderzoek naar het zien op afstand is gedurende 23 jaar ondersteund door de Amerikaanse Cen-tral Intelligence Agency en is gepubliceerd in *Nature, de Proceedings of the Institute of Electronic and Electrical Engineers* (IEEE) en de *Pro-ceedings of the American Association for the Advancement of Science* (AAAS). Zijn laatste boek (2012) is *The Reality of ESP: A Physicist's Proof of Psychic Abilities*.

In een van zijn experimenten toont Targ aan dat het bewijs van het vermogen van de mens om op afstand te kijken tien maal sterker is dan het bewijs van de werkzaamheid van aspirine. Anders gezegd, remote viewing heeft een effectgrootte die tien keer groter is dan die van aspirine. Effectgrootte meet de relatieve kracht van experimen-ten en niet alleen de waarschijnlijkheid ervan. Een van zijn experi-menten was om remote viewing toe te passen om beursprestaties te voorspellen. De proefpersonen konden $120.000 verdienen. Targ toonde niet alleen aan dat mensen over vermogens van remote viewing beschikken, hij ontdekte ook dat dit vermogen met training kan worden verbeterd.

De afgelopen twintig jaar heeft Targ gereisd en mensen geleerd om op afstand te kijken. Hij heeft leden van het Amerikaanse leger opgeleid om hun vaardigheden in remote viewing te ontdekken en te verbeteren. Hij creëerde zelfs een gratis smartphone app, ESP Trainer, om mensen hun vaardigheden in remote viewing te helpen verbeteren. In andere experimenten ontdekten Targ en andere wetenschappers ook dat er sterke telepathie bestaat tussen mensen die een sterke emotionele band hebben. Targ concludeerde door zijn dertig jaar onderzoek dat remote viewing en andere paranormale gaven natuurlijke gaven zijn die iedereen bezit.

Zielenkracht is wonderbaarlijk. Het is de kracht van de eenentwintigste eeuw. Zielenkracht is de nieuwe baanbrekende technologie die voor alles en iedereen beschikbaar is. Het is van cruciaal belang dat we positieve zielenkracht ontwikkelen en gebruiken om ons te helpen healing te bereiken, ziekte te voorkomen, verjonging, levensverlenging, transformatie van leven en bewustzijn, en liefde, vrede en harmonie op een ongekende manier in de wereld te brengen.

Sinds 1998 heb ik (Master Sha) mij toegelegd op het trainen van mensen wereldwijd om hun zielenkracht te gebruiken om elk aspect van hun leven te helen en te transformeren. In mijn Soul Power Serie van tien boeken, waaronder het gezaghebbende boek, *The Power of Soul*[4], en in al mijn boeken, leer ik je hoe je de kracht van de ziel kunt toepassen. De technieken zijn eenvoudig, praktisch en diepgaand.

Wat is de kracht van de ziel? Alles en iedereen bezit de volgende eigenschappen en kenmerken van zielenkracht:

---

[4] New York/Toronto: Atria Books/Heaven's Library Publication Corp., 2009.

- Je ziel heeft grote wijsheid en kennis. Nadat je je spirituele communicatiekanalen hebt geopend, zul je in staat zijn om met je ziel te overleggen. Je zult versteld staan om te leren hoeveel je ziel weet. Je ziel is een van je beste leraren, adviseurs en gidsen.

- Je ziel heeft een groot geheugen. Een ziel kan zich ervaringen uit al haar levens herinneren. Je kunt bijvoorbeeld voor de eerste keer ergens naar toe reizen, maar duidelijk het gevoel hebben dat je die plek kent. Je kunt het gevoel hebben dat je er eerder bent geweest. Sommige plaatsen maken je gelukkig. Sommige plaatsen maken je bang. Misschien heb je op die plaatsen ervaringen uit vorige levens gehad. Je ziel heeft herinneringen aan die ervaringen. Daarom heb je speciale gevoelens op die bepaalde plaatsen.

- Je ziel heeft flexibiliteit. Je ziel heeft oneindige mogelijkheden. Er is nooit maar één mogelijkheid of één keuze; er zijn altijd vele mogelijkheden voor alles en iedereen in elke situatie. Je hebt altijd de kans om de beste mogelijkheid voor jou en iedereen te kiezen.

- Je ziel communiceert van nature en voortdurend met andere zielen. Mensen praten of dromen vaak over een zielsverwant. Wanneer je sommige mensen ontmoet, kan je onmiddellijk liefde voelen. Je kunt voelen dat er iets speciaals is tussen jullie. De reden hiervoor is dat jullie zielen in vorige levens dicht bij elkaar stonden. Jullie zielen kunnen al vele jaren met elkaar hebben gecommuniceerd voordat jullie elkaar fysiek ontmoetten.

- Je ziel reist. Als je overdag wakker bent, blijft je ziel in je lichaam. Maar als je 's nachts slaapt, kan je ziel op natuurlijke wijze buiten je lichaam reizen. In feite doen veel zielen dit. Waar gaat de ziel heen? Ze gaat waar ze graag heen gaat. Je ziel kan je spirituele leraren bezoeken om direct van hen te leren. Ze kan ook je oude vrienden bezoeken of de hemel en andere delen van het universum.

- Je ziel heeft een ongelooflijke healingkracht, zoals zelfhaling, healing van anderen, groepshealing en healing op afstand.

- Je ziel kan je helpen ziekte en andere uitdagingen in je leven te voorkomen.

- Je ziel kan je helpen te verjongen.

- Je ziel heeft ongelooflijke zegenende vermogens. Als je moeilijkheden en blokkades in je leven tegenkomt, vraag dan gewoon aan je ziel om je te helpen: *Lieve mijn ziel, ik hou van je, eer je en waardeer je. Zou je mijn leven kunnen zegenen? Zou je me kunnen helpen mijn problemen en moeilijkheden te overwinnen? Ik dank je zeer.* Roep je eigen "lichaamsziel" op deze manier aan, altijd en overal. Je ziel kan je helpen je problemen op te lossen en je moeilijkheden te overwinnen. Heb je ziel lief. Vraag je ziel om je leven te zegenen. Je ziel zal je met plezier bijstaan. Je zou gefascineerd en verbaasd kunnen zijn om de veranderingen in je leven te zien.

- Je ziel heeft onbegrijpelijke potentiële krachten.

- Je ziel verbindt zich met je hart en geest. De ziel kan hart en geest onderwijzen. Je ziel kan haar grote wijsheid overbrengen in je hart en geest.

- Je ziel kan contact maken met je Hemelse Team, dat je spirituele gidsen, leraren, engelen en andere verlichte meesters in de hemel omvat.

- Je ziel slaat een immense hoeveelheid informatie en boodschappen op. Nadat je spirituele communicatiekanalen wijd open zijn, zul je altijd en overal toegang hebben tot die boodschappen en informatie.

- Je ziel is voortdurend op zoek naar kennis. Net zoals je geest altijd aan het leren is, is je ziel dat ook. Je ziel kan leren van andere zielen, in het bijzonder van je spirituele vaders en moeders. Je ziel heeft het potentieel om Divine en Tao wijsheid en kennis te leren.

- Je ziel kan je leven beschermen. Zielen "buiten je", waaronder engelen, heiligen, spirituele gidsen, verlichte leraren en de Divine, kunnen je leven ook beschermen. Ze kunnen je helpen ziekte te voorkomen, een ernstig ongeluk te veranderen in een klein ongeluk, of je helpen een ongeluk helemaal te vermijden.

- Je ziel kan je belonen, maar ook waarschuwen. Als je ziel tevreden is met wat je doet, kan je ziel je reis zegenen. Als je ziel niet blij is met wat je doet, kan ze je het leven moeilijk maken. Je ziel kan je relatie blokkeren of je zelfs ziek maken.

- Je ziel kan je leven voorspellen. Als je met je ziel communiceert, kan zij je vertellen wat er voor je in petto is.

- Zielen volgen spirituele wetten en principes. Je geest is zich hier misschien niet van bewust, maar je ziel volgt absoluut spirituele wetten.

- Veel zielen verlangen ernaar verlicht te worden. De ultieme zielenverlichting bereiken is volledig kwantumverstrengeld raken met alles en iedereen. Het is verbonden zijn met en dienstbaar zijn aan alles en iedereen. Onze ziel wil een goede dienst bewijzen in de vorm van liefde, zorg, compassie, oprechtheid, vrijgevigheid en vriendelijkheid. Daarom zijn steeds meer mensen op zoek naar zielengeheimen, wijsheid, kennis en oefeningen.

- Je ziel is eeuwig.

Zielenkracht en informatie: positief en negatief

Er zijn twee soorten zielenkracht: positieve en negatieve. Positieve zielenkracht komt van de positieve informatie in ons. Negatieve zielenkracht komt voort uit de negatieve informatie in ons. Positieve informatie zorgt voor verbinding, samenhang, gezondheid, verjonging, een lang leven, healing, verlichting, succes in relaties en financiën en meer. Negatieve zielenkracht brengt ziekte, depressie, pijn, angst, verdriet, lijden, uitdagingen in relaties en financiën en allerlei rampen en catastrofes.

Een belangrijk inzicht en openbaring kwam tot ons. De door Claude Shannon en andere natuurkundigen beschreven informatie is in feite negatieve informatie. Negatieve informatie heeft betrekking op de niet-verbonden mogelijkheden, de wanorde, de afscheiding en de onzekerheid in een systeem. De maatstaf voor negatieve informatie is entropie.

Er is nog een ander soort informatie: positieve informatie. Positieve informatie meet de orde, verbinding en zekerheid die een systeem in zichzelf en met anderen heeft.

Een goed voorbeeld van een systeem met positieve informatie is een kristal. In een kristal is elk molecuul of ion op een voorspelbare manier geordend. Een kristal heeft orde. Deze orde maakt deel uit van de positieve informatie van het kristal.

Een ander voorbeeld van positieve informatie is het levenssysteem. Wil er leven zijn, dan moet er orde en verbinding zijn. In een gezond lichaam is elke cel verbonden met elke andere cel en gedraagt zich ordelijk. Ons lichaam beschikt over positieve informatie.

In de wiskunde heeft een breuk orde. Zelfs met al zijn complexiteit, kan elk punt in de breuk voorspeld worden. Dit is positieve informatie.

In het algemeen is symmetrie een soort orde en positieve informatie.

Positieve informatie bestaat ook in twee kwantumsystemen die kwantumverstrengeld met elkaar zijn. Informatie over de toestand van het ene systeem geeft ons informatie over het andere systeem. Deze vorm van orde en verbinding is positieve informatie.

De meeste dingen hebben zowel orde als wanorde die naast elkaar bestaan. Vloeibaar water heeft zowel orde als wanorde. IJs heeft meer orde dan vloeibaar water. Als water kookt, verandert het in stoom. Stoom heeft meer wanorde dan water. De overgang van ijs naar water of van water naar ijs, van vloeibaar water naar stoom of van stoom naar vloeibaar water wordt in de natuurkunde de fase-overgang genoemd. Het is een transformatie van een toestand met hogere orde naar een toestand met minder orde of van een toestand met lagere orde naar een toestand met meer orde. Faseovergang is de transformatie van informatie binnen een systeem.

Positieve informatie wordt gemeten met negatieve entropie, ook wel negentropie genoemd. Negentropie toont de mate van orde in een systeem.

De energie die samenhangt met negatieve informatie is warmte. De energie die samenhangt met positieve informatie wordt in de thermodynamica, scheikunde en biologie vrije energie genoemd.

Alles en iedereen kan zowel negatieve informatie als positieve informatie in zijn trillingsveld hebben. Negatieve informatie laat zich meestal zien als duisternis in het trillingsveld. Het is onzuiverheid in ons trillingsveld. Zuivering is het verwijderen van negatieve informatie in ons trillingsveld. Hoe zuiverder we zijn, hoe minder negatieve informatie en hoe meer positieve informatie we in ons trillingsveld hebben.

De kracht van positieve
informatie en negatieve informatie

Positieve informatie is de verbinding die wij hebben met anderen en de orde in onszelf. Hoe meer verbinding en kwantumverstrengeling we met anderen hebben, hoe meer onze acties anderen kunnen beïnvloeden. Daarom is het zo dat hoe meer positieve informatie we hebben, hoe meer shen-kracht we hebben. Shen-kracht omvat zielenkracht, hartkracht en geestkracht.

De hoeveelheid positieve informatie die we hebben, bepaalt de kwaliteit en de kracht van onze ziel, ons hart en onze geest. Als we meer positieve informatie hebben, zullen we meer zielenkracht, hartkracht en geestkracht hebben. We zullen krachtiger, invloedrijker, beter geïnformeerd en gezonder zijn. We zullen langer leven. Hoe meer positieve informatie een organisatie heeft, hoe efficiënter, productiever, harmonieuzer, gezonder en invloedrijker deze zal zijn.

Negatieve informatie is de onzekerheid en wanorde in ons en onze afgescheidenheid van anderen. Negatieve informatie zal ervoor zorgen dat we minder invloed hebben, minder kennis, minder overvloed, minder liefde en minder vreugde. Het vermindert onze shenkracht, inclusief zielenkracht, hartkracht en geestkracht. Als iemand veel negatieve informatie heeft, zal de kans groter zijn dat hij ziek wordt, aftakelt, sterft en geconfronteerd wordt met moeilijkheden en uitdagingen in relaties, carrière, financiën en elk aspect van het leven.

Veel mensen hebben het over positieve of goede energie. We voelen ons aangetrokken tot mensen met goede energie. Mensen met goede energie zijn meestal gelukkiger, gezonder en succesvoller. Deze positieve of goede energie is energie die positieve informatie bevat. Positieve of goede energie brengt in een systeem orde, verbinding, samenhang, verjonging, bloei, harmonie, liefde, vreugde en een lang leven. Er is ook negatieve of slechte energie. Negatieve of slechte energie is energie die negatieve informatie bevat. Deze negatieve energie brengt disharmonie, lijden, pijn, wanorde, rampen, uitdagingen, moeilijkheden, ongelukken, afgescheidenheid, ziekte, verval en dood met zich mee naar mensen en organisaties.

Positieve informatie is wat onze ziel, hart en geest wonderbaarlijke kracht geeft. De huidige natuurkunde richt zich vooral op het bestuderen van negatieve informatie, dat is entropie. Een object met alleen negatieve informatie zal geen zielenkracht, hartkracht of geestkracht hebben. Mede daarom heeft de huidige natuurkunde de kracht van onze ziel, hart en geest nog niet ontdekt.

Het doel van het leven is het versterken van positieve informatie en zielenkracht

Als je de levenssystemen in jezelf en om je heen observeert, zul je ontdekken dat het leven een systeem is dat in staat is energie en materie op te nemen om de positieve informatie ervan, die de orde en verbinding is die het al heeft, te handhaven en te versterken. Het hele levenssysteem streeft ernaar de positieve informatie te versterken en hogere niveaus van orde en verbinding te creëren.

Een plant neemt bijvoorbeeld materie op uit de lucht, uit de aarde en uit afvalstoffen die door andere planten, dieren en mensen worden geloosd. Zij absorbeert licht van de zon. Zij gebruikt de energie van het licht om de materie van mindere orde, zoals vuil, lucht en afval, om te zetten in materie van hogere orde, zoals wortels, stengels, bladeren, vruchten, noten en meer. Het organische "voedsel" dat door de plant wordt geproduceerd heeft meer positieve informatie en een hogere vrije energie. Het kan mensen en dieren voeden en verjongen, evenals planten. Mens en dier kunnen het organische voedsel omzetten in iets met een nog hogere orde, zoals meer verfijnde lichaamssystemen, gedachten, muziek, boeken, en meer.

We kunnen zien dat een levenssysteem een geïntegreerd geheel is. De onderdelen ervan werken samen om informatie, energie en materie te transformeren naar hogere niveaus van orde en verbinding. Het creëert meer en hogere positieve informatie.

Een levenssysteem gebruikt het mechanisme van voortplanting om zijn informatie door te geven aan de volgende generatie. Op die manier kunnen de nakomelingen blijven leren van de informatie uit het verleden van de voorouder en deze verwerken, zodat zij nog hogere niveaus van positieve informatie kunnen creëren.

Het leven is gebaseerd op positieve informatie, de negentropie. Het *doel van het leven is om positieve informatie en zielenkracht te verzamelen en te versterken.* Hoe meer positieve informatie een levenssysteem heeft, hoe gezonder, wijzer en krachtiger het wordt. Het vergroten van de positieve informatie van een systeem of een organisatie vermindert de risico's en rampen waarmee het kan worden geconfronteerd en vergroot de effectiviteit, invloed en service die het kan bieden. Het vergroten van de positieve informatie van de mensheid en Moeder Aarde zal oorlogen, armoede, honger, natuurrampen, vervuiling en alle ziekten verminderen.

Met het oog hierop stellen wij een wiskundige definitie van leven voor:

Wiskundige definitie van leven

Het leven is een systeem dat positieve informatie kan onderhouden, vergroten en ontwikkelen. Het leven brengt verbinding, orde, kracht, wijsheid, gezondheid, verjonging, vreugde, liefde en bloei.

Het tegenovergestelde van leven is anti-leven, dat leidt tot verval, dood, en meer. Wij stellen een wiskundige definitie van anti-leven voor:

Wiskundige definitie van anti-leven

Anti-leven is een systeem dat negatieve informatie in stand houdt, vermeerdert en negatieve informatie ontwikkelt. Anti-leven veroorzaakt afzondering, afgescheidenheid, wanorde, verval, dood, ziekte, lijden, pijn, verdriet, woede, disharmonie, rampspoed, uitdagingen, moeilijkheden en meer.

Met de bovenstaande definitie kunnen we zien dat het leven macht heeft over anti-leven. Leven gedijt altijd. Anti-leven zal altijd falen.

Dit komt omdat leven door toename van positieve informatie, altijd bloei, gezondheid en een lang leven brengt, terwijl anti-leven door afname van positieve informatie, verval, ziekte en rampen veroorzaakt.

Alles en iedereen heeft zowel leven als anti-leven in zich. Elk moment krijgen we de kans om leven of anti-leven naar anderen en naar onszelf te brengen. Het is belangrijk dit te erkennen en aandacht te schenken aan onze gedachten en gevoelens, aan wat we horen en zien en aan elke handeling, elk gedrag en elke uitspraak, zodat we leven in plaats van anti-leven in de wereld brengen.

We kunnen nu ook wiskundige definities geven voor heilig en anti-heilig:

Wiskundige definitie van heilig

Heilig is leven dat positieve
informatie aan alles en iedereen brengt.

Mathematische definitie van anti-heilig

Anti-heilig is anti-leven dat
negatieve informatie naar alles en iedereen brengt.

Gegeven deze definities kan alles en iedereen een heilige worden; alles en iedereen kan een anti-heilige worden. Een heilige worden is je eigen en andermans kracht, gezondheid, levensduur, invloed, liefde, vreugde, wijsheid, kennis, voorspoed, effectiviteit en meer, vergroten. Een anti-heilige worden betekent meer verwijdering, afgescheidenheid, wanorde, verval, dood, ziekte, lijden, pijn, verdriet, woede, disharmonie, rampspoed, uitdagingen, moeilijkheden en meer, aan jezelf en aan alles en iedereen brengen.

Er zijn vier niveaus van heiligen: mens heilige, Moeder Aarde heilige, hemel heilige, en Tao heilige.

Een mens heilige heeft de staat van volledige verbinding en eenheid met de hele mensheid bereikt. Een mens heilige heeft alle negatieve informatie met betrekking tot het menselijk lichaam en de mensheid verwijderd. Deze staat is er een van terugkeer van ouderdom naar de babystaat, met totale gezondheid en zuiverheid. In deze staat heeft een mens heilige het vermogen om menselijke aangelegenheden op een hoog niveau te beïnvloeden en liefde, vrede en harmonie naar de mensheid te brengen.

Een Moeder Aarde heilige heeft een volledige verbinding tot stand gebracht en de staat van eenheid met Moeder Aarde bereikt. In deze staat heeft een Moeder Aarde heilige het vermogen om invloed uit te oefenen op zaken op Moeder Aarde, met inbegrip van natuurlijke gebeurtenissen zoals het weer, en te helpen liefde, vrede en harmonie te brengen op Moeder Aarde.

Een hemel heilige heeft een volledige verbinding gevormd en heeft eenheid bereikt met de hemel, waaronder alle planeten, sterren, sterrenstelsels en universa. Een hemel heilige heeft het vermogen om hemelse gebeurtenissen te beïnvloeden.

Een Tao heilige is volledig afgestemd in eenheid met Tao, de bron van alles. Een Tao heilige is versmolten met Tao, overstijgt daardoor alle cycli van leven en dood, bereikt daardoor de hoogste en uiteindelijke verlichting, de ultieme vrijheid en gelukzaligheid.

Wat is de Divine?

De Divine is het universele trillingsveld dat alles en iedereen bevat en ermee verbonden is. De Divine beschikt over volledig positieve informatie. Omdat de Divine met alles en iedereen verbonden is, kan de Divine alles horen, voelen, weten, en onmiddellijk laten gebeuren. De Divine is alomtegenwoordig, alwetend en almachtig.

Het doel van het leven is het versterken van positieve informatie om de Divine en Tao te bereiken.

De ontmoeting met de Divine en Tao is het belangrijkste ontwaken in ons leven.

Het gevoel dat de liefde van de Divine en Tao ons voedt, verjongt en voorziet in alles wat we nodig hebben, is de grootste zegening.

Het besef dat de Divine en Tao in alles, overal en op elk moment bij ons zijn, is de grootste wijsheid.

De Divine en Tao kennen is de allerhoogste kennis.

De Divine en Tao in alles en iedereen ervaren is het meest verheven streven.

Het bereiken van de Divine en Tao is het hoogste doel van het leven.

Het verdiepen van onze verbinding met de Divine en Tao is de hoogste beoefening.

Eén zijn met de Divine en Tao is de grootste kracht.

Eenheid met de Divine en Tao is de ultieme gelukzaligheid.

Het doel voor alle wezens is het bereiken van de Divine en Tao.

Hoe ontwikkel je de kracht van de ziel?

Onze zielenkracht ontwikkelen en versterken is de positieve informatie in ons vermeerderen, wat orde en verbinding in onszelf en met anderen bevordert.

Er zijn veel manieren om onze positieve informatie te verhogen. Enkele belangrijke zijn:

- Chant heilige mantra's. Mantra's zijn woorden, zinnen of klanken die positieve informatie bevatten. Door het chanten (bij herhaling zeggen of zingen) van een speciale mantra kan het trillingsveld met positieve informatie van hoog niveau de positieve informatie in ons trillingsveld versterken.

Het chanten van heilige mantra's is een speciale spirituele oefening in vele spirituele tradities. Een van de speciale oefeningen in het boeddhisme is het chanten van *A Mi Tuo Fo*, de naam van de Boeddha van het Oneindige Licht.

Hai Xian werd boeddhistische monnik toen hij negentien jaar oud was. Hij was analfabeet. Zijn leraar leerde hem alleen *A Mi Tuo Fo te* chanten. Dat deed hij tweeënnegentig jaar lang, tot hij op de leeftijd van honderdtwaalf overging. Hij wist de exacte dag waarop hij Moeder Aarde zou verlaten. Tot die dag bleef hij werken. Hij liet instructies na om niet begraven te worden, maar om zijn lichaam na zijn dood in een emmer te bewaren. Zes jaar na zijn dood opende men de emmer en ontdekte tot ieders verbazing dat zijn overblijfselen intact waren. Zijn lichaam was zo vers alsof hij nog leefde. Waarom is zijn lichaam niet vergaan, zelfs niet na zijn dood? Zijn chanten van *A Mi Tuo Fo* transformeerde zijn lichaam in materie met volledige positieve informatie. Materie met volledige positieve informatie vergaat niet. Hai Xian demonstreerde de kracht van het chanten van de heilige mantra *A Mi Tuo Fo*.

- Lees en schrijf heilige teksten met positieve informatie. Luister naar heilige klanken met positieve informatie. Kijk naar heilige voorwerpen met positieve informatie. Wees in de aanwezigheid van spirituele meesters met positieve informatie.

- Wees dienstbaar aan anderen. Dienstbaar zijn is anderen gezonder, gelukkiger, wijzer of vrediger maken. Het is een van de meest effectieve manieren om positieve informatie, verbinding en orde in de wereld op te bouwen.

- Mediteren. Mediteren is je verbinden met Tao, waardoor het trillingsveld van Tao jouw trillingsveld kan transformeren.

- Ontwikkel positieve kwaliteiten zoals liefde, vergeving, compassie, licht, nederigheid, harmonie, dankbaarheid, dienstbaarheid, en verlichting.

- Ontvang en oefen met Tao downloads/transmissies van een geautoriseerde Tao dienaar. Tao downloads bevatten Tao vibratie die jouw trillingsveld kan transformeren naar een Tao trillingsveld. We zullen dit aan het eind van dit hoofdstuk verder uitleggen en, beste lezer, je in hoofdstuk acht daadwerkelijk Tao downloads aanbieden. De kracht van deze spirituele oefening gaat logica en bevattingsvermogen te boven.

- Volg en schrijf Tao Kalligrafie. We introduceren deze krachtige eenheidsschat en -oefening in hoofdstuk negen.

Hoe gebruik je de kracht van de ziel?

Je ziel heeft een wonderbaarlijke kracht om wijsheid te vergaren en informatie te ontvangen, om te communiceren en elk aspect van je leven te helen, te transformeren en op te tillen. We zijn vereerd en verheugd enkele technieken met je te delen om je zielenkracht toe te passen. Deze technieken omvatten de 'Zeg hallo' techniek, zielenopdrachten, zielencommunicatie en zielendownloads en -transmissies. Ze kunnen letterlijk wonderen in je leven creëren.

Zoals je hebt geleerd, is je ziel informatie. Je kunt eenvoudigweg vragen of communiceren met je eigen ziel en andere zielen om je te helpen bepaalde doelen te bereiken. Dit is hoe gebed, de 'Zeg hallo' techniek, zielenopdrachten, zielencommunicatie, zielenhealing, zielenverjonging, zielenpreventie van ziekte, zielenversterking van energie, zielentransformatie van relaties en financiën, zielenmarketing, en zielenconferenties werken. Informatie kan ook worden gedownload en overgebracht naar je ziel. Dit is hoe zielendownloads en -transmissies werken. Voor sommige mensen zijn deze technieken misschien te eenvoudig en te wonderbaarlijk om te geloven. Tao wetenschap vertelt ons echter dat deze technieken een wetenschappelijke basis hebben, ook al lijken ze misschien "magie" te zijn.

Ik heb in mijn boek, *De Kracht van de Ziel*, en andere boeken tot in detail onderwezen hoe je deze technieken kunt gebruiken om gezondheid, relaties, financiën, zaken, intelligentie, spirituele kanalen en meer te helen en te transformeren. Deze technieken hebben miljoenen wonderen gecreëerd en hebben het leven van vele mensen getransformeerd. Hier zullen we deze technieken slechts kort beschrijven. Raadpleeg mijn andere boeken (zie pagina 253 voor een geselecteerde lijst) om veel meer te weten te komen.

'Zeg hallo' techniek

De eenvoudige 'Zeg hallo' techniek is gebaseerd op de belangrijke wijsheid dat we zielen rechtstreeks kunnen vragen om ons leven te zegenen. Je kunt je eigen ziel en elk van je innerlijke zielen, inclusief de zielen van je systemen, organen, cellen, cel-eenheden, DNA, RNA, of delen van je lichaam, vragen je leven te zegenen en hun zielenwijsheid en kennis aan je over te dragen. Je kunt ook allerlei zielen buiten je, waaronder die van Jezus, Boeddha, allerlei spirituele vaders en moeders, heilige wezens, engelen, oceanen, rivieren, bergen, Moeder Aarde, de zon, de maan, sterren, sterrenstelsels en universa, vragen je leven te zegenen en hun intelligentie, wijsheid en kennis aan je over te dragen.

Zeg *hallo* betekent de innerlijke zielen en de zielen buiten je van jouw keuze aanroepen en vragen om healing, zegening, wijsheid en kennis. De 'Zeg hallo' techniek bestaat uit een vijf-stappen formule:

Stap 1. Spreek de zielen aan (zeg *hallo* tegen):

> *Lieve shen qi jing van* _____ (noem de innerlijke zielen en de zielen buiten je die je wilt aanroepen),

Stap 2. Eer de zielen:

Ik hou van je, eer je en waardeer je.

Stap 3. Doe een affirmatie:

Jullie hebben de kracht om _____ (noem hier je verzoek).

Stap 4. Doe je verzoek om healing, zegen, wijsheid, kennis, of iets anders:

Alsjeblieft _____ (herhaal je verzoek).
Doe je best.

Stap 5. Druk je dankbaarheid uit:

Dank je. Dank je. Dank je.

Laten we eens kijken naar een voorbeeld waar we enkele zielen buiten je oproepen:

Lieve shen qi jing van Tao, lieve shen qi jing van de Divine, lieve
*   shen qi jing van al mijn spirituele vaders en moeders,*
Ik hou van jullie allemaal, eer jullie en waardeer jullie allemaal.
Jullie liefde en kracht kunnen elk aspect van mijn leven
*   transformeren.*
Geef me alsjeblieft healing en zegening voor _____ (noem je
    verzoek).
Ik ben zeer dankbaar.
Dank je. Dank je. Dank je.

Elke ziel heeft de kracht om te helen en te zegenen. De 'Zeg hallo' techniek is om zielen aan te roepen om te helen, te zegenen en te creëren. Er zijn tienduizenden ontroerende healing successen en wonderen over de hele wereld gecreëerd door toepassing van de 'Zeg hallo' techniek.

Denk nu aan een gebied in je leven dat healing nodig heeft. Het kan je fysieke lichaam zijn, emotionele of mentale problemen, of uitdagingen met je relaties of financiën. Je kunt de 'Zeg hallo' techniek gebruiken om je te helpen het op te lossen.

Laten we het nu doen. Stel, je hebt een probleem met je collega's. Je zou graag je relaties met hen verbeteren. De 'Zeg hallo' techniek kun je als volgt gebruiken om te helpen:

Lieve shen qi jing van mijn collega's en mij,
Lieve shen qi jing van de relaties tussen mijn collega's en mij,
Ik hou van jullie, eer jullie en waardeer jullie.
Jullie hebben de kracht om mijn relatie met jullie allemaal te helen.
Zegen ons alsjeblieft om van nu af aan betere relaties met elkaar te hebben.
Dank je. Dank je. Dankje.

Lieve shen qi jing van Jezus, Moeder Maria en Boeddha,
Lieve de maan, de zon en ontelbare planeten, sterren, sterrenstelsels en universa,
Jullie hebben de kracht om mijn relaties met mijn collega's te transformeren.
Geef alsjeblieft healing en zegening aan de relaties tussen mijn collega's en mij.
Ik ben zeer dankbaar.
Dank je. Dank je. Dank je.

Je kunt de kracht van de 'Zeg hallo' techniek vergroten door de Zielenkracht te combineren met Lichaamskracht, Geestkracht en Klankkracht. Samen worden deze de Vier Krachttechnieken genoemd.

Lichaamskracht is het gebruik van hand- en lichaamsposities voor healing. *Waar je je handen legt is waar de energie en healing naar toe gaan.* Voor relaties kun je je handen op je hart leggen. In de wijsheid van de traditionele Chinese geneeskunde kun je om woede los te laten, je handen op je lever leggen. Om angstige spanning of depressie los te laten, kun je je handen op je hart leggen. Om zorgen los te laten, kun je je handen op je milt leggen. Om je verdriet en rouw los te laten, kun je je handen op je longen leggen. Om angst los te laten, kun je je handen op je nieren leggen.

Geestkracht is het gebruik van de geest oftewel het bewustzijn voor healing. Waar je met je geest op focust, met gebruikmaking van verbeeldingskracht en creatieve visualisatie, is waar je de voordelen voor healing ontvangt. Hoe meer licht er is in het trillingsveld van de relatie, hoe gezonder de relatie is. Stel je nu voor en visualiseer dat de zielen van de relaties tussen je collega's en jou gouden, regenboogkleurige of kristallen lichtballen zijn, die steeds helderder stralen met steeds meer licht.

Klankkracht is het chanten van speciale mantra's. Een mantra is een speciaal woord, tekst of klank dat positieve informatie bevat. Het chanten van een mantra brengt het trillingsveld ervan naar jou toe. *Wat je chant is wat je wordt.* Het chanten van een speciale mantra kan de positieve informatie in je ziel, hart, geest en lichaam (energie en materie) versterken. Het kan ook helpen positieve informatie in de wereld te versterken. Chant deze mantra's met heel je ziel, hart, geest en lichaam. Chant zo vaak en zo lang mogelijk. Het kan helpen je ziel, hart, geest, lichaam en elk aspect van je leven te helen, te transformeren, op te tillen en te verlichten.

Liefde lost alle blokkades op en transformeert al het leven. Vergeving brengt innerlijke vrede en innerlijke vreugde. Licht heelt en voorkomt alle ziekte. Laten we nu zingen:

Liefde
Liefde
Liefde
Liefde
Liefde
Liefde
Liefde

Liefde
Liefde

Vergeving
Vergeving
Vergeving
Vergeving
Vergeving
Vergeving
Vergeving
Vergeving
Vergeving

Licht
Licht
Licht
Licht
Licht
Licht
Licht
Licht
Licht

Zing nu:

Liefdevolle relaties
Liefdevolle relaties
Liefdevolle relaties
Liefdevolle relaties
Liefdevolle relaties
Liefdevolle relaties
Liefdevolle relaties
Liefdevolle relaties
Liefdevolle relaties ...

Chant op deze manier vijf tot tien minuten lang, een paar keer per dag. Chant vooral wanneer je de uitdagingen in je relaties voelt. Als je dagelijks blijft oefenen, zul je beginnen te merken dat de relaties tussen je collega's en jou verbeteren—misschien wel op wonderbaarlijke wijze!

Je kunt de 'Zeg hallo' techniek en de Vier Krachttechnieken toepassen om elk aspect van je leven en dat van anderen te helpen helen, transformeren en zegenen. Het is zo gemakkelijk en zo krachtig. Het kan vele wonderen voor jou en anderen creëren.

Denk nu aan een ander gebied in je leven en pas deze technieken opnieuw toe. Ervaar de kracht van de ziel.

Zielenopdrachten

Een zielenopdracht is precies wat het zegt: een opdracht die door een ziel wordt gegeven om iets te doen dat een goede dienst is, zoals helen, ziekte voorkomen, verjongen, het leven transformeren en het leven verlichten. Een zielenopdracht kan aan jezelf worden gegeven door je lichaamsziel of door een van je innerlijke zielen, inclusief de zielen van je systemen, organen, cellen, cel-eenheden, DNA, en RNA.

Een zielenopdracht kan worden gegeven voor zelfhealing. Bijvoorbeeld als je rugpijn hebt: je rug heeft een ziel. De ziel van je rug kan een opdracht geven om je rug te helen. Hier staat hoe je dat kunt doen:

Lieve ziel van mijn rug,
Ik hou van je, eer je, en waardeer je.
Jij hebt de kracht om een opdracht te geven om mijn rug te helen.
Stuur alstublieft een opdracht om mijn rug te helen.
De opdracht luidt: De ziel van mijn rug geeft mijn rug de opdracht
om te helen.

Activeer dan de opdracht door bij herhaling te chanten:

De ziel van mijn rug geeft mijn rug opdracht om te helen.

De ziel van mijn rug geeft mijn rug opdracht om te helen.
De ziel van mijn rug geeft mijn rug opdracht om te helen.
De ziel van mijn rug geeft mijn rug opdracht om te helen …

Laten we nu lichaamskracht en geestkracht toevoegen. Leg je handen op je rug. Stel je voor dat goudkleurig, regenboogkleurig of kristallijn licht steeds intenser straalt in je rug. Het licht wordt feller en feller. Stel je een zon voor in je rug die verblindend licht uitstraalt. Ga door met chanten terwijl je dit doet. Je mag hardop of in stilte chanten.

Herhaal deze opdracht minstens drie minuten lang. Er is geen tijdslimiet. Hoe langer je chant, hoe beter. Als de pijn aanhoudt, doe dit dan meerdere keren per dag. Na korte tijd kun je merken dat je rugpijn aanzienlijk is verbeterd.

Je kunt zielenopdrachten op elk gebied van je leven toepassen. Denk nu aan een ander gebied in je leven dat je zou willen verbeteren. Geef een zielenopdracht.

Je kunt ook een zielenopdracht geven voordat je gaat slapen. Op deze manier kan je ziel aan je probleem werken terwijl je slaapt. Probeer het en zie hoe het je leven verbetert.

Zielencommunicatie

Zielen bevatten informatie, boodschappen, wijsheid en kennis die alle begrip te boven gaan. Je kunt informatie, wijsheid, kennis en inzichten ontvangen over het verleden, het heden of de toekomst, over een plaats, een ding of een gebeurtenis via zielencommunicatie.

In de eerste twee boeken van mijn Soul Power Serie, *Soul Wisdom*[5] en *Soul Communication*[6], kun je leren hoe je je spirituele communicatie-kanalen kunt openen om niet alleen met je eigen ziel te communiceren, maar ook met de zielen van Tao, de Divine, Boeddha, Jezus, Moeder Maria, andere heiligen, Moeder Aarde, planten, dieren, rivieren, oceanen, bergen en ontelbare planeten, sterren, sterrenstelsels, en universa. Zielencommunicatie, wat spirituele communicatie is, kan je leven kracht geven en optillen voorbij woorden.

Zielencommunicatie wordt niet beperkt door ruimte en tijd. Het hoeft niet in persoonlijke aanwezigheid te gebeuren. Bijvoorbeeld, stel dat je een probleem hebt met je buurman. Hij kan boos zijn en niet vergevingsgezind. Het is misschien niet gemakkelijk—misschien zelfs niet mogelijk—om persoonlijk met hem te praten. Wat je kunt doen is spreken met de ziel van je buurman en je probleem oplossen door zielencommunicatie. Je kunt het als volgt doen:

Lieve ziel van mijn buurman,
Ik hou van je, eer je en waardeer je.
Vergeef me alsjeblieft voor alles wat ik je ooit heb aangedaan in alle levens.
Ik vergeef jou volledig en onvoorwaardelijk voor alles wat je mij ooit hebt aangedaan.
Laten we van nu af aan goede buren zijn.
Laten we in liefde, vrede en harmonie leven.
Dank je. Dank je. Dank je.

Chant dan bij herhaling een paar minuten lang:

---

[5] *Soul Wisdom: Practical Soul Treasures to Transform Your Life* (Vert.: *Praktische zielenschatten om je leven te transformeren*). New York/Toronto: Atria Books/Heaven's Library Publication Corp., 2008.

[6] *Soul Communication: Opening Your Spiritual Channels for Success and Fulfillment* (Vert.: *Het openen van je spirituele kanalen voor succes en vervulling*). New York/Toronto: Atria Books/Heaven's Library Publication Corp., 2008.

Vergeef me alsjeblieft.
Ik vergeef jou.
Liefde, vrede en harmonie. ...

Er is geen tijdslimiet. Hoe langer je chant, hoe beter. Chant met oprechtheid, intentie en focus. Chant met en vanuit je hart.

Doe deze eenvoudige oefening van zielencommunicatie elke dag. Je zult snel een verbetering merken in je relatie met je buurman.

Je kunt zielencommunicatie gebruiken voor zaken, financiën en marketing, voor gezondheid en verjonging, voor persoonlijke groei en relaties, voor manifestatie en creatie en nog veel meer. Je kunt een zielenconferentie houden door andere zielen uit te nodigen om samen te komen voor een positief doel. Je kunt informatie, aankondigingen en uitnodigingen naar zielen uitzenden.

Je kunt zielencommunicatie ook gebruiken om wijsheid, kennis en begeleiding voor je levensreis te ontvangen. Je kunt baanbrekende ideeën en informatie ontvangen. De baanbrekende concepten van de Tao wetenschap, zoals ze in dit boek en in diverse populaire en wetenschappelijke artikelen staan, zijn inderdaad ontvangen via zielencommunicatie. We kunnen met volledige zekerheid zeggen dat de Tao wetenschap zich zal blijven ontwikkelen via zielencommunicatie door ons en anderen.

In feite zijn jij, wij en alle zielen elk moment bezig met zielencommunicatie. We kunnen allemaal ons vermogen tot zielencommunicatie vergroten en het op elk gebied van ons leven op meer effectieve en positieve manieren gebruiken. Dit kan ons leven onvoorstelbaar verbeteren.

Om ons vermogen tot zielencommunicatie te vergroten, moeten we onze zielencommunicatie-kanalen openen. Zoals we in de inleiding hebben verteld, omvatten de belangrijkste zielencommunicatie-kanalen het Zielentaal Kanaal, het Directe Zielencommunicatie Kanaal,

het Derde Oog Kanaal en het Direct Weten Kanaal. Er zijn vele manieren om je zielencommunicatie-kanalen te ontwikkelen. Bij wijze
van korte introductie is hier een eenvoudige oefening die je kunt
doen om je zielencommunicatie-kanalen te openen of verder te openen en te ontwikkelen.

Oefening om je zielencommunicatie-kanalen te openen

Zit rechtop. Leg je linkerhand op je Boodschapscentrum[7] (hartchakra). Plaats je rechterhand in de gebedshouding met de vingers
naar boven gericht. Deze handpositie (Lichaamskracht) is een speciaal signaal om je ziel te verbinden met de Divine en de zielenwereld.
We noemen het de Zielenlichttijdperk-handpositie. Het richt zich op
je Boodschapscentrum omdat dat het belangrijkste energiecentrum
is voor de potentiële kracht van je ziel.

Visualiseer nu dat er stralend gouden licht schijnt in je Boodschapscentrum.

Pas de 'Zeg hallo' techniek toe:

> *Lieve shen qi jing van mijn zielencommunicatie kanalen,*
> *Ik hou van jullie, eer jullie, en waardeer jullie.*
> *Jullie hebben de kracht om jezelf verder te openen en te*
>   *ontwikkelen.*
> *Doe je best!*
> *Dank je. Dank je. Dank je.*

Vervolgens zullen we de speciale mantra San San Jiu Liu Ba Yao Wu
gebruiken, wat Chinees is voor de getallenreeks 3396815. Deze speciale mantra, uitgesproken als *sahn sahn dzjo leo bah yaow woe*, is een

---

[7] Het Boodschapscentrum of hartchakra is een van de belangrijkste energiecentra
van het lichaam. Het is vuistgroot en bevindt zich in het midden van de borstkas,
achter het borstbeen ter hoogte van de tepels. Het is het centrum voor het
ontvangen van informatie en boodschappen, en het is dus het communicatiecentrum van de ziel.

hemelse code voor het openen van zielencommunicatie-kanalen en
het ontsluiten van de potentiële kracht van je ziel. Mijn (Master Sha's)
leraar, Master Zhi Chen Guo, ontving deze speciale mantra in 1974
tijdens zijn meditatie.

Roep deze speciale mantra aan:

> *Lieve shen qi jing van de speciale mantra* San San Jiu Liu Ba Yao
> Wu,
> *Ik hou van je, eer je en waardeer je.*
> *Jij kunt helpen mijn zielencommunicatie-kanalen te openen en te*
> *ontwikkelen.*
> *Ik ben oprecht dankbaar.*
> *Dank je. Dank je. Dank je.*

Chant nu *3396815* achter elkaar zo snel als je kunt. Doe het nu:

> *San San Jiu Liu Ba Yao Wu*
> *San San Jiu Liu Ba Yao Wu*
> *San San Jiu Liu Ba Yao Wu*
> *San San Jiu Liu Ba Yao Wu ...*

Chant steeds sneller. Laat elke bewuste intentie om de individuele
nummers duidelijk uit te spreken los. Terwijl je steeds sneller zingt—
zo snel als je kunt—kan er plotseling een speciale stem klinken die je
misschien nog niet eerder hebt gehoord. Deze speciale stem is de
stem van je ziel die zielentaal spreekt. Sommige mensen kunnen hun
zielentaal gemakkelijk naar buiten brengen. Anderen moeten de bovenstaande oefening langer doen. Je kunt meer oefeningen—en zegeningen!—vinden in mijn boeken *Soul Wisdom* en *Soul Communication*,
om je zielencommunicatie-kanalen verder te openen.

Wanneer je je zielentaal naar buiten brengt, breng je de informatie,
boodschappen, wijsheid, kennis en kracht van je ziel naar buiten. Om
deze informatie, boodschappen, wijsheid en kennis te ontvangen,
moet je in staat zijn je zielentaal te vertalen naar je menselijke taal.

Laten we een oefening doen om je te helpen je vertaalvaardigheid voor zielentaal te ontwikkelen. Breng eerst je handen in de Zielen-lichttijdperk-handpositie (blz. 80). Concentreer je geest op je Boodschapscentrum. Pas zielenkracht toe met de 'Zeg hallo' techniek:

Lieve shen qi jing van mijn vertaalvaardigheid voor zielentaal,
Ik hou van je, eer je, en waardeer je.
Jij hebt de kracht om mijn zielentaal naar het Nederlands te
*   vertalen.*
Doe je best!
Dank je. Dank je. Dank je.

Chant dan:

San San Jiu Liu Ba Yao Wu
San San Jiu Liu Ba Yao Wu
San San Jiu Liu Ba Yao Wu
San San Jiu Liu Ba Yao Wu ...

Chant *San San Jiu Liu Ba Yao Wu* totdat je zielentaal naar buiten komt. Spreek ongeveer een minuut lang je zielentaal. Open dan je mond en spreek in het Nederlands zonder na te denken. Wat je zegt zal de vertaling zijn van je zielentaal. Sommige mensen kunnen dit vermogen snel naar buiten brengen; anderen kunnen weken, zelfs maanden oefening nodig hebben. Blijf volhouden. Spreek je zielentaal vaak. De voordelen zijn onvoorstelbaar groot.

Zielendownloads en transmissies

Omdat een ziel kwantuminformatie is, kun je informatie naar je ziel downloaden en overbrengen. Je kunt de 'Zeg hallo' techniek en zielenopdrachten gebruiken om informatie naar je ziel te downloaden en over te brengen. Iemands ziel kan alleen toegang krijgen tot de informatie waarmee zij kwantumverstrengeld of verbonden is. Hoe meer positieve informatie iemand heeft, hoe meer informatie hij kan downloaden. Daarom kan een spirituele meester op hoog niveau anders ontoegankelijke informatie naar je ziel downloaden en je enorme zegeningen en bekrachtigingen geven voor gezondheid, verjonging, wijsheid, kennis, intelligentie, relaties, financiën, spirituele communicatiekanalen en meer.

Bijvoorbeeld, stel dat je de hula wilt leren, de heilige prachtige oude Hawaiiaanse dans. Je kan je verbinden met de ziel van de hula en haar vragen om de wijsheid, kennis en beoefening van de hula te downloaden en aan jou door te geven. Wanneer je dan de hula begint te leren van een fysieke leraar, zou je het leren gemakkelijk en snel kunnen af gaan. Of, stel dat je een boek wilt schrijven. Bepaal de titel en vraag dan de ziel van het boek om de wijsheid, kennis, structuur, taal, toon, uiterlijk, gevoel en meer naar je te downloaden. Het daadwerkelijk schrijven van het boek zou je dan veel minder moeite kunnen kosten.

Tot slot willen we nog twee belangrijke dingen benadrukken die je moet weten over zielendownloads en transmissies. Ten eerste wordt de informatie die je kunt downloaden en doorgeven, of die beschikbaar is voor jou om te ontvangen, bepaald door je zielenstand. Zielen hebben verschillende niveaus. Zielenstand wordt bepaald door de hoeveelheid kwantumverstrengeling die de ziel heeft. Hoe meer kwantumverstrengeling je ziel heeft, hoe hoger je zielenstand. Hoe hoger je zielenstand, hoe meer informatie je kunt downloaden, uitzenden en ontvangen.

Ten tweede is het belangrijk om voorzichtig te zijn wanneer je ervoor kiest om een download of transmissie te ontvangen van een leraar, een healer of een spirituele meester. Niet alles en iedereen heeft informatie waar jij het meeste baat bij hebt. Jij en anderen kunnen schadelijke informatie hebben. Het downloaden, doorgeven of ontvangen van zulke negatieve informatie zal jou of anderen niet ten goede komen.

Om deze twee redenen moeten we voorzichtig zijn met de downloads en transmissies waar we om vragen en hoe en vooral van wie we ze ontvangen.

Ik (Master Sha) ben vereerd en verheugd jullie in hoofdstuk acht een speciale en krachtige zielenoverdracht als geschenk aan te bieden.

Zielenkracht is de kracht van de eenentwintigste eeuw. Het is de wonderbaarlijke kracht die wij allen bezitten. Het kennen, ontwikkelen en gebruiken van onze zielenkracht zal ieder van ons en de gehele mensheid naar een hoger niveau van bestaan brengen. De betekenis van de wijsheid en de kracht van de ziel gaat ons begrip te boven. Het is onze wens dat je je zielenkracht zult ontwikkelen en je hoogste levensdoel zult vervullen.

Kracht van hart en geest

IN DE TAO WETENSCHAP is het hart de ontvanger van informatie en de geest de verwerker van informatie. Hart en geest bepalen de aard van de fysieke werkelijkheid die we ervaren en van het leven dat we hebben. Het begrijpen en gebruiken van de kracht van hart en geest is van cruciaal belang voor gezondheid, relaties, financiën, geluk en succes in elk aspect van ons leven. Deze diepgaande wijsheid is al millennia bekend bij wijzen, heiligen, boeddha's en spirituele meesters. Helaas hebben veel mensen nog geen diep besef van de kracht van het hart en de geest. Daarom zijn veel mensen niet in staat om de kracht van hun hart en geest op een positieve manier te gebruiken. Dit heeft veel lijden veroorzaakt.

De Tao wetenschap geeft ons wetenschappelijke inzichten en begrip van de kracht van de ziel, het hart en de geest. Wij geloven dat het ware begrip van de kracht van de ziel, het hart en de geest een belangrijk keerpunt kan zijn, niet alleen voor je eigen leven, maar voor de mensheid. Het kan veel lijden opheffen. Het kan ons de kracht geven om een krachtige schepper en manifesteerder te worden van een leven dat we werkelijk willen.

Ben je een waarnemer of een schepper?

Je ziel is de inhoud van de informatie. Deze bevat vele mogelijkheden en potenties. Je trillingsveld bevat ontelbare trillingen en toestanden.

Toch bestaat je fysieke werkelijkheid meestal uit bepaalde specifieke uitkomsten. Hoe ontstaat uit de vele mogelijkheden één enkele concrete werkelijkheid?

Het meetprobleem in de kwantumfysica betreft de vraag waarom onze wereld bepaald lijkt te zijn, terwijl de onderliggende kwantumnatuur de overlapping is van vele mogelijke trillingstoestanden. De hoofdvraag bij het meetprobleem is hoe de waargenomen werkelijkheid zich manifesteert vanuit het trillingsveld, dat vele mogelijke toestanden bevat die door de golffunctie worden beschreven.

Wat je zult vinden in de kwantumfysica is werkelijk adembenemend. Het blijkt dat je geen passieve waarnemer bent van een kwantumverschijnsel, maar dat je het verschijnsel dat je waarneemt zelf creeert!

Hoe gebeurt dit? Laten we het manifestatieproces in de Tao wetenschap uitleggen.

Het eerste wat je moet weten is dat, om een kwantumverschijnsel waar te nemen, je trillingen moet ontvangen van wat wordt waargenomen.

In de kwantumfysica worden detectoren gebruikt om trillingen op te vangen. Een detector is een instrument dat speciaal is ontworpen om trillingen op te vangen en om als gevolg daarvan zichtbare en meetbare veranderingen te laten zien. Een camera is bijvoorbeeld een detector. Fotografische film of digitale detectoren worden gebruikt om zichtbare beelden, röntgenstraling, enz. te detecteren. Een radio is een detector die radiogolven ontvangt en uitzendt. Een televisie is een detector. Deze ontvangt golven van televisiezenders en toont de programma's door middel van geluid en beelden. Onze ogen, oren, neus, huid en tong zijn allemaal detectoren. Onze ogen detecteren licht. Onze oren detecteren geluid. Onze neus detecteert geur. Onze huid registreert temperatuur. Onze tong detecteert smaak. Ons hart is een detector.

Het tweede dat we moeten weten over kwantumverschijnselen is dat de soorten detectoren die we gebruiken en de plaats waar we de detectoren plaatsen, bepalen wat we waarnemen. Verschillende detectoren vertonen verschillende verschijnselen omdat zij verschillende trillingen absorberen. Als je bijvoorbeeld een gewone camera gebruikt, zul je beelden van zichtbaar licht zien. Gebruik je een speciale camera die infrarood licht kan ontvangen, dan zul je beelden van infrarood licht opvangen. We hebben allemaal de ervaring dat de plaats waar we onze camera plaatsen en de hoek waaronder we onze camera richten, van grote invloed zijn op de uiteindelijke foto.

Kortom, het soort detectoren dat we gebruiken en waar en hoe we de detectoren plaatsen, bepalen de verschijnselen die we waarnemen. Hierdoor zijn kwantumverschijnselen afhankelijk van ons, de waarnemers. Wij nemen in feite actief deel aan het creëren van de waargenomen verschijnselen. Kwantumverschijnselen zijn intrinsiek subjectief, wat betekent dat ze afhankelijk zijn van de waarnemer.

Onze detectoren zijn ons hart en onze geest. De kwantumfysica onthult ons een diepgaande en zeer krachtige waarheid, een waarheid die Boeddha, Jezus en vele andere spirituele leraren en meesters ons hebben geleerd:

Boeddha onderwees "Xiang You Xin Sheng." Xiang betekent *beeld* of *verschijnsel*. You betekent *komt van*. Xin betekent *hart*. Sheng betekent *creëren*. Xiang You Xin Sheng betekent letterlijk dat *alle beelden die we zien en alle verschijnselen die we ervaren uit ons hart komen.*

In de Bijbel, Spreuken 4:23, wordt gezegd: "Boven alles, bewaak uw hart, want alles wat u doet vloeit daaruit voort."

Vele andere spirituele tradities bieden soortgelijke wijsheid en begeleiding.

Wij creëren onze eigen werkelijkheid. Ons eigen hart en geest manifesteren onze fysieke realiteit vanuit onze ziel.

Een van de beroemde discussies in de kwantumfysica is of een elektron bestaat als je het niet waarneemt. Wij kunnen deze vraag gemakkelijk beantwoorden in de Tao wetenschap. Als je het niet waarneemt, bestaat een elektron in de mogelijkheid, maar bestaat het niet in onze werkelijkheid. Onze actie van waarneming manifesteert in feite het elektron in onze werkelijkheid.

Daarom kan ieders realiteit anders zijn. We hebben allemaal deze ervaring in het leven. Verschillende mensen hebben verschillende ervaringen, ideeën en gevoelens over dezelfde gebeurtenis. In wetenschappelijke studies proberen onderzoekers alle detectoren te controleren, zodat het experiment reproduceerbaar is.

We moeten goed begrijpen dat onze fysieke ogen en moderne technologie beperkt zijn. Zoveel van wat bestaat is onzichtbaar voor onze fysieke ogen en onze meest krachtige instrumenten. Omdat we alleen bepaalde dingen kunnen waarnemen, kunnen we ook alleen bepaalde dingen manifesteren.

Zie je leven als een film. De kwantumfysica vertelt ons dat wat zich in je levensfilm afspeelt in feite gemanifesteerd wordt door je eigen acties, gedachten, intenties, spraak, gehoor, reuk, gevoel, beweging, en meer. Je bent niet alleen de waarnemer en acteur, maar ook de producent en regisseur van je eigen levensfilm. Jij bent de schepper van je leven!

Kracht van het hart

"Hart" omvat het fysieke hart en het spirituele hart. Je spirituele hart is de ontvanger van informatie. Je spirituele hart komt overeen met de detectoren die gebruikt worden voor waarneming in de kwantumfysica. Het omvat je denken, voelen, zien, horen, ruiken, proeven, spreken, emoties, en nog veel meer. Het geheim in één zin over de kracht van het hart is:

Wat we ontvangen in ons hart bepaalt wat we manifesteren.

Alles in je leven, inclusief je lichaam, gezondheid, relaties, carrière, intelligentie, familie en elk aspect van je leven, komt voort uit je hart. Je hartactiviteiten, zoals denken, intenties, spreken, horen, ruiken, voelen, bewegen, proeven en nog veel meer, bepalen wat er in je leven gebeurt.

Je hart speelt een cruciale en bepalende rol in de creatie en manifestatie van je werkelijkheid. Wat voor soort hart je hebt en waar je je hart in legt, bepaalt je leven. Dit proces is vergelijkbaar met televisie. Het programma dat je op de televisie ziet, wordt bepaald door de zender die je kiest. Als je je hart op liefde zet, zal het fysieke leven en de werkelijkheid die je ervaart vol liefde zijn. Als je je hart op verdriet zet, zal je werkelijkheid ook verdrietig zijn.

Hartkracht omvat positieve hartkracht en negatieve hartkracht. Positieve hartkracht is hartactie die je zielenkracht vergroot. Het vergroten van je zielenkracht is het vergroten van de orde en verbinding die je hebt. Positieve hartkracht omvat liefde, vergevingsgezindheid, compassie, licht, nederigheid, harmonie, overvloed, dankbaarheid, dienstbaarheid en verlichting. Positieve hartkracht geeft je kracht en tilt je op. Het helpt je een leven vol liefde, overvloed, vreugde, harmonie en vrede te manifesteren.

Negatieve hartkracht is hartactie die je zielenkracht vermindert. Het vermindert de orde in jezelf en je verbinding met anderen. Negatieve hartkracht omvat egoïsme, competitie, jaloezie, woede, verdriet, angst, depressie, angst, trots, haat, gevoelens van minderwaardigheid of superioriteit en nog veel meer. Negatieve hartkracht schakelt je uit en beperkt je. Het manifesteert een leven met meer lijden.

Het is van het grootste belang dat je je bewust bent van het soort hartkracht dat je op elk moment toepast. Gebruik positieve hartkracht om een leven vol liefde, vreugde, overvloed, vrede, schoonheid en wijsheid te manifesteren. Vermijd negatieve hartkracht om een leven vol uitdagingen, moeilijkheden, angsten, pijn en lijden te vermijden.

Veel mensen besteden veel aandacht aan wat ze eten en drinken. Sommige mensen besteden veel aandacht aan geld en rijkdom. Sommigen geven veel om hun sociale status. Wat we eten en drinken, hoeveel geld we hebben en onze sociale status zijn allemaal belangrijk. Echter, de bepalende factor voor het soort leven dat we hebben is wat er in ons hart omgaat. Wat ons hart ontvangt, bepaalt onze gezondheid, relaties, carrière, financiën, levensduur en elk aspect van ons leven. Bewust en zorgvuldig zijn met wat er in ons hart omgaat, is cruciaal voor het creëren van het leven dat we willen.

Kracht van de geest

De geest verwerkt informatie die door het hart wordt ontvangen. De geest heeft verbazingwekkende vermogens om het proces van manifestatie te vergemakkelijken. De vermogens van de geest omvatten verbeelding, creatief denken, visualiseren, discipline, oordelen, het gebruik van hulpmiddelen, analyseren, samenvoegen, integreren en nog veel meer. Veel mensen hebben de kracht van de geest onderzocht.

De mensheid heeft machines en computers uitgevonden om ons vermogen om informatie te verwerken uit te breiden. We hebben echter niet genoeg gebruik gemaakt van onze eigen geestkracht. De meesten van ons gebruiken minder dan vijf procent van het potentieel van onze hersenen. Elk van onze cellen, weefsels, organen en systemen is ook voortdurend informatie aan het verwerken. Ons eigen vermogen om informatie te verwerken gaat ons begrip te boven.

De geest bepaalt waar iemands energie en materie naar toe gaan. Het eenzinsgeheim over geestkracht is:

De geest bepaalt welke verlangens van het hart worden gemanifesteerd en hoeveel ervan en hoe snel ze worden gemanifesteerd.

Als je je geestkracht op de juiste manier gebruikt, kun je je harten-
wensen snel en op de meest magnifieke manier manifesteren.

Geestkracht kan ook worden onderverdeeld in positieve en negatieve geestkracht. Positieve geestkracht versnelt, verruimt en versterkt de vervulling van de verlangens van het hart. Positieve
geestkracht vergroot ook iemands positieve zielenkracht.

Negatieve geestkracht vertraagt, verhindert en stopt de vervulling
van de verlangens van het hart en vermindert ook iemands positieve
zielenkracht. Negatieve geestkracht omvat negatieve gedachtepatronen, negatieve overtuigingen, negatieve houdingen, ego, gehechtheden en meer. Het is essentieel om je bewust te zijn van deze aspecten
van negatieve geestkracht en ze te verwijderen als je een gelukkig en
succesvol leven wilt leiden.

Het is belangrijk te beseffen dat de geest tot doel heeft het hart en de
ziel te dienen. Het is essentieel om naar je hart en ziel te luisteren, en
dan je geest te gebruiken om de aanwijzingen van je hart en ziel uit
te voeren en op te volgen. Veel mensen laten in plaats daarvan hun
verstand de leiding nemen. Dit heeft veel problemen veroorzaakt,
waaronder lijden, ziekten, depressie, angst, relatieproblemen, financiële moeilijkheden en meer.

De ziel is de baas. Het hart moet naar de ziel luisteren. De geest moet
het hart volgen. Dit proces volgen is de weg van de natuur volgen.
Het is het volgen van Tao. Het is belangrijk om je geest te leiden, te
trainen en te gebruiken om deze op één lijn te brengen met je hart en
ziel. Dan kan je geest je hart en ziel werkelijk dienen. Alleen dan kun
je de hoogste doelen van je levensreis en je zielenreis bereiken.

Resonantie: Hoe het hart ontvangt

Hoe ontvangt het hart informatie van de ziel? Het hart ontvangt informatie door een proces dat resonantie heet.

Elke kwantumtrilling heeft een belangrijke eigenschap gemeen. Wanneer een kwantumtrilling wordt geabsorbeerd of uitgezonden, zal zij volledig worden geabsorbeerd of uitgezonden. Zij kan niet gedeeltelijk worden geabsorbeerd of uitgezonden. In die zin gedraagt een kwantumtrilling zich als een deeltje. Dit wordt vaak het deeltjeskarakter van kwantumtrilling genoemd.

In de kwantumveldentheorie wordt dit verschijnsel wiskundig beschreven en verklaard door middel van resonantie. De absorptie van een kwantumgolf kan alleen plaatsvinden door resonantie. Resonantie is een eigenschap tussen een voorwerp en een kwantumgolf. Resonantie treedt op wanneer een voorwerp twee toestanden heeft en het energieverschil tussen deze twee toestanden gelijk is aan de energie van de kwantumgolf. Afbeelding 2 hieronder illustreert hoe resonantie kan plaatsvinden

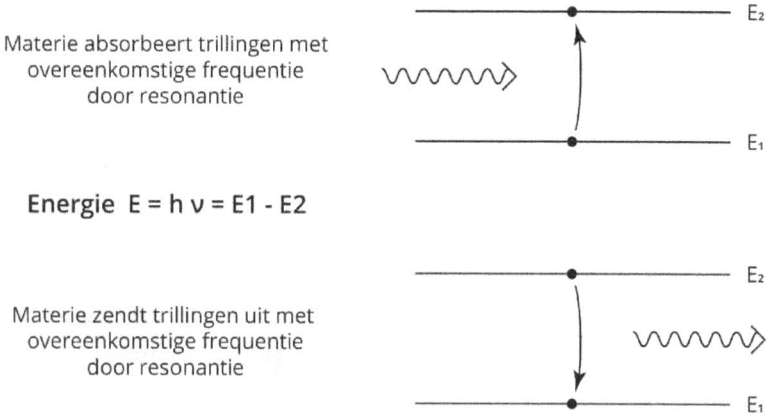

Materie absorbeert trillingen met overeenkomstige frequentie door resonantie

E_2

E_1

Energie $E = h \nu = E1 - E2$

Materie zendt trillingen uit met overeenkomstige frequentie door resonantie

E_2

E_1

Afbeelding 2: Absorptie en emissie van licht door resonantie

De trilling met frequentie ν draagt de energie $h\nu$. Hierin is h de constante van Planck. Wanneer de energie van een inkomende trilling gelijk is aan het verschil van de twee energietoestanden in het voorwerp ($E^1 - E^2$), kan het voorwerp de inkomende trilling absorberen.

Als niet aan deze voorwaarde is voldaan, kan de trilling niet worden geabsorbeerd. Op dezelfde manier kan het voorwerp een trilling uitzenden met de frequentie hv = $E^1 - E^2$.

Je kunt het verschijnsel resonantie waarnemen in muziekinstrumenten. Een muzieksnaar kan gaan trillen en geluid voortbrengen door resonantie met trillingen in de lucht, zonder dat hij door een voorwerp wordt aangeslagen of door een persoon wordt bespeeld. Dit resonantieverschijnsel wordt veroorzaakt door het bestaan van trillingen in de lucht met dezelfde frequenties als die welke de snaar kan voortbrengen. De snaar resoneert met de trillingen van deze frequenties, trilt met dezelfde frequenties en produceert geluid.

Alles en iedereen is een resonantiesysteem. Alles en iedereen kan door resonantie trillingen met specifieke frequenties uit de omgeving absorberen. Dit vertelt ons dat het hart de trillingen ontvangt waarmee het kan resoneren. Dit is hoe het hart informatie ontvangt.

Door resonantie communiceren we met elkaar. Door resonantie ontvangen wij informatie, energie en materie. Als wij niet met iets kunnen resoneren, kunnen wij de informatie, de energie en de materie ervan niet ontvangen. Gelijksoortige dingen hebben vibraties met gelijke frequenties. Dingen die op elkaar lijken resoneren gemakkelijker met elkaar. In de natuur hebben gelijksoortige dingen de neiging om zich te verzamelen. Dit komt omdat zij gemakkelijker informatie, energie en materie kunnen uitwisselen.

In de Tao wetenschap kunnen we de shen qi jing van de Tao Bron gebruiken om de shen qi jing van een mens te zuiveren—en de shen qi jing van alles en iedereen—om de hoeveelheid resonantie te vergroten. Dit zal iemands vermogen om informatie, energie en materie te ontvangen vergroten en zo gezondheid, relaties, financiën, intelligentie, spirituele vermogens, verlichting en elk aspect van het leven verbeteren. Dit is Tao Bron creatie, wijsheid, beoefening en kracht.

Hoe ontwikkel je de kracht van het hart?

De kracht van je hart wordt bepaald door zijn resonantiepotentieel. Hoe meer resonantie je hart kan hebben, hoe groter zijn kracht. Om de kracht van je hart te ontwikkelen en te vergroten, moet je het totaal aantal trillingen waarmee het kan resoneren vergroten. Met hoe meer trillingen je hart kan resoneren, hoe meer informatie, energie en materie het kan ontvangen. In ruil daarvoor zul je meer wijsheid, kennis, energie en materie ontvangen en kunnen gebruiken.

Het versterken van hartkracht is cruciaal voor het stimuleren van zielenkracht. Wanneer je hart een grotere resonantie heeft, kan het meer verbinding met anderen tot stand brengen. Deze positieve hartactiviteit kan je positieve informatie enorm versterken en zo je zielenkracht vergroten.

Het versterken van de hartkracht is ook van cruciaal belang voor het versterken van de geestkracht. Met een grotere resonantie kan je hart meer informatie beschikbaar stellen voor je geest om te verwerken en meer energie en materie om richting aan te geven. Dit zal je geestkracht enorm vergroten.

Het ontwikkelen van de grootste liefde, vergevingsgezindheid, compassie, licht, nederigheid, harmonie, bloei, dankbaarheid, dienstbaarheid en verlichting zijn enkele van de beste manieren om de hartkracht te vergroten.

Hoe ontwikkel je de kracht van de geest?

Geestkracht wordt gemeten aan de hand van de hoeveelheid informatie die onze geest in een bepaalde tijd kan verwerken en de hoeveelheid energie waar hij richting aan kan geven. Hoe meer informatie de geest kan verwerken en hoe meer energie hij in een kortere tijdspanne kan leiden, hoe krachtiger de geest is.

Een van de belangrijkste methoden om de kracht van je geest te ontwikkelen, is het verwijderen van mentale blokkades, zoals ego, negatieve denkpatronen, negatieve houdingen, negatieve overtuigingen, gehecht-heden en meer. Het brengen van vrede en nederigheid in je geest kan je geestkracht enorm vergroten.

Hoe gebruik je de kracht van het hart?

De kracht van het hart is voelen, ervaren, ontvangen en manifeste-ren. Hoe dieper, sterker en vaker je voelt, denkt, ziet, hoort, ruikt en proeft wat je wilt, des te sneller kun je het ontvangen en manifeste-ren. Dit is de kracht van het hart.

Het hebben van diepgevoelde realisaties, oprechte intenties, sterke boodschappen, duidelijke spirituele beelden, diepe gevoelens, posi-tieve emoties, zien, horen, spreken, denken, proeven, ruiken en meer, is het gebruiken van de kracht van het hart voor creatie en manifes-tatie.

Is het gewoon toeval?

We ervaren allemaal toevalligheden in ons dagelijks leven. We zijn allemaal wel eens totaal losstaande gebeurtenissen tegengekomen of gebeurtenissen die waarschijnlijk niet samen zouden voorkomen, maar toch op een betekenisvolle manier tot stand zijn gekomen. De bekende Zwitserse psycholoog Carl G. Jung bedacht in de jaren twin-tig van de vorige eeuw het woord *synchroniciteit* om deze verschijn-selen te beschrijven.

Zijn toeval en synchroniciteit werkelijk "gewoon" toeval? Of zit er iets meer achter deze alledaagse gebeurtenissen?

Als je spirituele communicatiekanalen open zijn, zul je zien dat er geen toeval is. Er is zelfs een diepgaande reden waarom een bepaalde vreemdeling naast je zit in het vliegtuig. Toevalligheden onthullen de diepere betekenis, connecties en relaties tussen zielen.

Synchroniciteit en toeval zijn het gevolg van de kwantumverstrengeling van trillingen tussen verschillende mensen en dingen. Als sommige van de kwantumgolven in ons kwantumverstrengeld zijn met
sommige van de jouwe, kan alles wat wij denken, voelen en doen,
onmiddellijk op jou van invloed zijn. Wat je ook denkt, voelt en doet,
kan ons ook onmiddellijk beïnvloeden.

Wat veroorzaakt de kwantumverstrengeling van deze trillingen? Er
zijn vele manieren om kwantumverstrengeling tussen verschillende
trillingen te creëren. Normaal gesproken is kwantumverstrengeling
het gevolg van het feit dat de kwantumverstrengelde trillingen ontstaan uit dezelfde bron of door hetzelfde proces, en dus met elkaar
samenhangen of verbonden zijn. Bijvoorbeeld, één lichttrilling wordt
gesplitst in één elektron en één positron. Een positron is een deeltje
dat dezelfde massa en dezelfde spin heeft als een elektron, maar een
tegengestelde lading. Het elektron en het positron die uit dezelfde
lichtgolf ontstaan, zijn kwantumverstrengeld met elkaar.

Toeval en synchroniciteit onthullen een intrinsieke band tussen wezens. Waarzegsystemen maken gebruik van synchroniciteit en toeval
om informatie te verkrijgen over het verleden, het heden en de toekomst. Een tarot kaartlezer bijvoorbeeld gebruikt het "toeval" van de
specifieke kaarten die worden onthuld en de volgorde waarin ze
worden onthuld om informatie voor mensen te ontdekken. Een sja-
maan zoekt naar "tekenen," die toevalligheden zijn, om te voorspellen wat er gaat gebeuren. Het begrijpen van toeval en synchroniciteit
kan iemand helpen het heden beter te begrijpen. Het kan ook verklaren wat er in het verleden is gebeurd en voorspellen wat er in de
toekomst gaat gebeuren.

Sommige mensen denken dat toeval en synchroniciteit in strijd zijn
met de wet van oorzaak en gevolg. Zij beseffen niet dat toeval en
synchroniciteit veroorzaakt worden door de schepping van de betrokken wezens uit dezelfde bron. Ze zijn dus het resultaat van oorzaak en gevolg. Inzicht in hoe toeval en synchroniciteit door je leven

weven en je werkelijkheid creëren, zal je in staat stellen een krachtige en wonderbaarlijke schepper en manifesteerder te worden.

Velen van ons hebben de ervaring gehad dat we na een diepzinnige realisatie plotseling merken dat er veel toevalligheden of ongelukken gebeuren die onze diepgevoelde waarheid ondersteunen. Bijvoorbeeld, op een dag had onze vriendin Mimi een hart-openende ervaring en kwam tot een diep besef dat liefde alles is wat er in de wereld is. De volgende dag ging ze naar de stad. Ze ontdekte dat mensen haar zo liefdevol behandelden. Een serveerster gaf haar een extra gerecht en dessert. Iemand anders gaf haar geld. Weer iemand anders wilde haar een goedbetaalde baan geven. Dit zijn natuurlijk geen toevalligheden. Haar eigen diep gevoelde realisatie en hartactiviteiten hadden deze liefdevolle acties naar haar toe in gang gezet. In meer wetenschappelijke termen, haar hart zond uit en ontving "liefde" en manifesteerde zo een liefdevolle fysieke realiteit. Haar eigen liefdesintentie transformeerde haar trillingsveld van kwantumverstrengeling. Voor een normaal wezen zou dit gezien kunnen worden als toeval en synchroniciteit, maar dat is het niet.

Toeval en synchroniciteit worden veroorzaakt door onze diepe zielsverbindingen en onze eigen hartactiviteiten. Misschien heb je wel eens meegemaakt dat je je op een dag plotseling realiseert dat je een belangrijke taak moet uitvoeren. Plotseling verschijnen er mensen in je leven om je met je project te helpen. Dit komt omdat sommigen van ons samen werden aangesteld om een taak te volbrengen die groter is dan ieder van ons afzonderlijk. Wanneer je hart de boodschap ontvangt om in je rol te stappen om je taak te vervullen, zullen de mensen die dezelfde taak kregen toebedeeld, geactiveerd worden om in je leven te komen zodat jullie allemaal samen de taak kunnen volbrengen.

Aandacht schenken aan toeval en synchroniciteit zal je op een diepgaande manier kracht geven. Dit bevat de sleutel tot de volgende fase van de menselijke evolutie.

In de Tao wetenschap zul je de wijsheid leren en meer toeval en synchroniciteit ervaren om elk aspect van je leven te verbeteren, inclusief gezondheid, relaties, financiën, spirituele kanalen, succes, verlichting en meer.

Hoe gebruik je de kracht van de geest?

Het doel van geestkracht is om de zielenkracht en de hartkracht te versterken. Het is om de manifestatie van de zieleninformatie door het hart te vergemakkelijken.

Je ziel ontwikkelen is meer licht en meer positieve informatie in je trillingsveld brengen. Wanneer je spirituele kanalen open zijn, kun je zien dat negatieve informatie als duisternis in je trillingsveld verschijnt.

Creatieve visualisatie van licht is een van de beste manieren om je geestkracht te gebruiken.

Het visualiseren van licht in je trillingsveld zal helpen meer licht naar je ziel te brengen, waardoor je hart in staat is meer licht te ontvangen. Het zal de kracht van je ziel en hart versterken.

Het visualiseren van licht in je lichaam zal je helpen je lichaam sneller te helen en te verjongen. Visualiseren van licht in een van je relaties zal helpen die relatie te verbeteren. Visualiseren van licht in je zaken en carrière zal meer succes brengen in je zaken en carrière.

Leer deze bijzondere oefening om je geestkracht te gebruiken om elk aspect van je leven te helen, te transformeren en naar een hoger niveau te brengen.

Kracht van energie en materie

W E ZIJN VERTROUWD met onze fysieke werkelijkheid. Materie vormt onze fysieke werkelijkheid. We weten ook dat energie essentieel voor ons is om dingen te doen. Veel mensen streven ernaar energie en materie te vergaren om een comfortabel leven te hebben.

In de Tao wetenschap hebben energie en materie diepere betekenissen en functies. Energie is de vervoerder om actie mogelijk te maken. Materie is de transformator om te bereiken waarvoor we naar deze wereld komen. Energie geeft ons de kracht om actie te ondernemen. Materie heeft de kracht om onze ziel, hart, geest en elk aspect van ons leven te transformeren.

Het doel en de functie van het leven is het versterken van verbinding en orde, wat positieve informatie is. Het verhogen van de positieve informatie in ons zal de kracht van onze ziel, hart en geest versterken. Het zal elk aspect van ons leven verbeteren. Het verhogen van de positieve informatie in anderen zal de kracht van hun ziel, hart en geest versterken. Het zal elk aspect van hun leven verbeteren. Het doel van het leven is om positieve informatie te verzamelen en negatieve informatie te transformeren. Onze energie en materie—onze vervoerder en transformator—zouden dit doel moeten dienen. Gehechtheid aan de fysieke werkelijkheid en materialistisch gewin zal niet alleen het succes en potentieel van ons leven beperken, het zal in feite ons kostbare leven verspillen door ons te verhinderen ons ware levensdoel te bereiken.

Energie en materie kunnen verdeeld worden in positief en negatief. Positieve energie en positieve materie kunnen leiden tot liefde, vreugde, wijsheid, gezondheid, een lang leven, groei, verheffing, overvloed en verlichting. Negatieve energie en negatieve materie kunnen leiden tot ziekte, pijn, lijden, rampen, uitdagingen, en moeilijkheden in relaties, financiën en meer. Het is van cruciaal belang te weten wat voor soort energie en materie we in ons leven gebruiken.

Positieve energie en negatieve energie

In de natuurkunde kan energie zowel positief als negatief zijn. Positieve energie maakt acties mogelijk, zoals het verplaatsen van voorwerpen. Negatieve energie stopt acties en kan dingen laten vastlopen. Bijvoorbeeld, benzine toevoegen aan je auto geeft je auto positieve energie, waardoor je auto langer zal rijden. De zwaartekracht, de aantrekkingskracht, kan negatieve energie opwekken, waardoor je auto aan de aarde gebonden blijft. Je auto kan niet de ruimte in vliegen vanwege de negatieve energie die door de zwaartekracht wordt opgewekt. Er is positieve energie nodig, bijvoorbeeld in de vorm van een raket, om de negatieve energie te overwinnen en je auto de ruimte in te stuwen.

In de Tao wetenschap is energie de vervoerder waardoor acties kunnen plaatsvinden. Er zijn ook twee soorten acties: positieve acties en negatieve acties. Positieve acties zijn acties die positieve informatie doen toenemen. Negatieve acties zijn acties die negatieve informatie doen toenemen.

Naast de normale positieve en negatieve energie in de natuurkunde, bestaat er nog een ander soort positieve en negatieve energie in de Tao wetenschap, namelijk energie die positieve actie mogelijk maakt en energie die negatieve actie mogelijk maakt. Wij noemen dit soort positieve en negatieve energie respectievelijk "absolute positieve energie" en "absolute negatieve energie." Het type positieve energie en negatieve energie dat in de huidige natuurkunde wordt erkend, noemen wij daarentegen "relatieve positieve energie" en "relatieve negatieve energie."

Absolute positieve energie draagt positieve informatie in zich. Absolute positieve energie onderneemt positieve actie. Het brengt verbinding, orde en zekerheid. Het versterkt onze zielenkracht, hartkracht en geestkracht. Het zorgt voor gezondheid, verjonging, een lang leven, vreugde, succes, wijsheid, harmonie en kracht.

Absolute negatieve energie bevat negatieve informatie. Absolute negatieve energie genereert negatieve actie. Het creëert afgescheidenheid, wanorde en onzekerheid. Het vermindert onze zielenkracht, hartkracht en geestkracht. Het veroorzaakt ziekte, verval, veroudering, rampen, pijn, lijden, dood, ontkrachting, moeilijkheden, uitdagingen en meer.

Geld is een soort energie. Als we geld verdienen door goede diensten aan te bieden die positieve informatie versterken, dan zal het geld absolute positieve energie bevatten. Het zal ons vreugde, liefde, voorspoed, wijsheid, kracht en meer brengen. Als we geld verdienen door negatieve acties, zoals bedriegen, liegen, stelen en meer, dan zal het geld absolute negatieve energie bevatten. Het zal ons ziekte, veroudering, dood, pijn, verdriet, lijden, slechte relaties, financiële uitdagingen en meer brengen. Aandacht besteden aan hoe we geld verdienen is cruciaal voor het brengen van vreugde en succes in elk aspect van ons leven.

Wees je bewust van het soort energie dat je verzamelt en gebruikt. Dit is van cruciaal belang voor het brengen van succes in elk aspect van je leven. Op dit moment nodigen we je uit om te stoppen met lezen. Ga naar binnen en kijk eens naar je leven. Wat voor soort energie gebruik jij? Is het absolute positieve energie of absolute negatieve energie? Het soort energie dat je gebruikt bepaalt het soort leven dat je hebt. Als je absolute positieve energie gebruikt, zul je een leven vol liefde, vreugde, succes, wijsheid en schoonheid hebben. Als je absolute negatieve energie gebruikt, zul je te maken krijgen met ziekte, rampen, pijn, lijden, moeilijkheden, uitdagingen, verval en zelfs de dood. Wij wensen dat je altijd positieve energie zult gebruiken en succes zult hebben in elk aspect van je leven.

Samengevat:

- Relatieve positieve energie brengt meer mobiliteit en grotere vrijheid.

- Relatieve negatieve energie brengt beperkingen met zich mee en maakt dat men vast komt te zitten.

- Absolute positieve energie genereert positieve actie, die verbinding en orde brengt. Het versterkt positieve informatie.

- Absolute negatieve energie genereert negatieve actie, die afgescheidenheid en wanorde brengt. Het versterkt negatieve informatie.

- Om een gezond, gelukkig en succesvol leven te leiden, is het belangrijk om absolute positieve energie te gebruiken.

Positieve materie en negatieve materie

Natuurkundigen hebben materie en antimaterie ontdekt. Deeltjesfysica bestudeert de fundamentele bouwstenen van materie in het heelal, waarvan is vastgesteld dat het de zogenaamde elementaire deeltjes zijn, waaronder elektronen, fotonen, quarks en meer. Antimaterie is materie die is opgebouwd uit antideeltjes.

De theoretisch natuurkundige Paul Dirac voorspelde het bestaan van antideeltjes aan de hand van zijn wiskundige formule, de Dirac-vergelijking. Vier jaar later werd het positron, de antimaterie tegenhanger van het elektron, waargenomen in een laboratorium. Een antideeltje heeft dezelfde eigenschappen als het overeenkomstige deeltje, behalve dat het de tegengestelde lading heeft. Wanneer een deeltje en zijn antideeltje (bijvoorbeeld een elektron en een positron) elkaar ontmoeten, zullen zij elkaar vernietigen en zuiver licht worden. Dit zuivere licht heeft geen dualiteit. Met andere woorden, antilicht is hetzelfde als licht.

Naast materie en antimaterie, suggereert de Tao wetenschap het bestaan van positieve materie en negatieve materie. Positieve materie bevat positieve informatie. Het is een positieve transformator. Het zal meer orde en verbinding brengen. Het zal onze ziel, hart en geest versterken en verheffen. Het zal ons kracht geven en vreugde, liefde, succes, wijsheid, gezondheid, lang leven, welzijn, spirituele groei en meer in ons leven brengen. Een boek, muziek, film en voedsel zijn positieve materie als ze positieve informatie bevatten en meer verbinding en orde in ons leven en de wereld brengen. Een gezond lichaam is positieve materie.

Negatieve materie is materie die negatieve informatie bevat. Het is een negatieve transformator. Het zal wanorde en onvrede brengen. Het zal onze ziel, hart en geestkracht verminderen. Het brengt ziekte, verval, veroudering, dood, rampen, uitdagingen en moeilijkheden. Een boek, muziek, film en voedsel zijn negatieve materie als ze negatieve informatie bevatten en afgescheidenheid en wanorde in ons leven en de wereld brengen. Als een deel van ons lichaam niet goed functioneert, kan dat negatieve materie zijn.

Een huis is positieve materie als het positieve informatie bevat. Bijvoorbeeld een huis kan liefde en vreugde hebben gebracht aan veel mensen. Veel mensen koesteren mooie herinneringen aan dit huis. Het huis heeft veel goede diensten bewezen. Dit huis bevat positieve informatie. Daarom is dit huis positieve materie. Dit huis zal dan veel vreugde, voorspoed, gezondheid, lang leven en ander geluk brengen aan de mensen die er nu in wonen.

Een huis is negatieve materie als het negatieve informatie bevat. Bijvoorbeeld schadelijke handelingen kunnen in het verleden in een huis hebben plaatsgevonden. In dit geval bevat dit huis negatieve informatie. Het is negatieve materie. Het kan ongeluk, verbroken relaties, ziekte en ongeluk brengen aan de mensen die er nu wonen.

Materie is de transformator. Wanneer negatieve materie ons ziekte, moeilijkheden, uitdagingen en ongeluk brengt, dwingt het ons om onszelf te transformeren. Op deze manier heeft materie een grote kracht om ons te helpen groeien, transformeren en onze ziel, hart, geest en elk aspect van ons leven naar een hoger niveau te brengen. Het is door middel van materie, de transformator, dat wij onze ziel, hart en geest transformeren.

Het hebben van positieve materie in ons leven is essentieel voor positieve groei, positieve transformatie en de verheffing van onze ziel, hart, geest en elk aspect van ons leven. Neem nu even de tijd om de materie die je in je leven hebt te evalueren. Hoeveel is positieve materie? Hoeveel is negatieve materie? Hoe kun je de negatieve materie omvormen tot positieve materie?

De kracht van energie en materie

Energie en materie hebben een grote waarde en betekenis voor onze ziel, hart, geest en elk aspect van ons leven. We moeten de positieve energie en materie in ons leven eren, respecteren en ontwikkelen.

Energie is actie. Positieve energie is positieve kracht om te handelen. Zonder positieve energie kunnen positieve acties niet plaatsvinden. Positieve acties ondernemen is essentieel voor een succesvol leven. Het is essentieel voor het versterken van onze ziel, hart en geestkracht.

Het eenzinsgeheim over het gebruik van de kracht van energie is:

**Onderneem onmiddellijk actie bij
het ontvangen van positieve informatie.**

Door onmiddellijk actie te ondernemen wanneer wij positieve informatie ontvangen, versterken wij onze ziel, hart, geest en elk aspect van ons leven. Onmiddellijke actie zal ons onmiddellijk meer positieve energie en materie geven. Als we niet onmiddellijk actie ondernemen wanneer we positieve informatie ontvangen, zullen we niet in staat zijn om onze ziel, hart, geest en elk aspect van ons leven te versterken. We zullen positieve energie en materie verliezen. Dit is een van de belangrijke redenen waarom veel mensen geen energie hebben en zelfs lijden aan chronische vermoeidheid. Het is ook de reden waarom sommige mensen niet tot bloei kunnen komen in hun leven. We benadrukken nogmaals: onmiddellijk actie ondernemen wanneer we positieve informatie ontvangen is cruciaal voor gezondheid en succes in elk aspect van ons leven.

Materie is de fysieke manifestatie van de werkelijkheid in ons leven. Materie is de transformator van onze ziel, hart, geest en elk aspect van ons leven. Het eenzinsgeheim over het gebruik van de kracht van materie is:

**We hebben de kracht om onze ziel, hart,
geest en elk aspect van ons leven te
transformeren door positieve materie te gebruiken.**

Velen van ons ervaren uitdagingen, moeilijkheden, ziektes en andere blokkades in het leven. Het is van cruciaal belang dat we dit eren, respecteren en er dankbaar voor zijn. Het zijn onze leraren om ons lessen te leren. Zij verschijnen om ons kracht te geven. Ze komen om ons te helpen helen, transformeren en onze ziel, hart, geest en elk aspect van ons leven naar een hoger niveau te brengen.

Het eenzinsgeheim over de kracht van energie en materie is:

**Door onmiddellijk actie te ondernemen wanneer we
positieve informatie ontvangen en door gebruik te maken
van positieve materie, hebben we de kracht om onze ziel, hart,
geest en elk aspect van ons leven te transformeren.**

Laten wij ons er ten volle van bewust zijn dat wij positieve energie en positieve materie brengen en gebruiken om positieve actie te ondernemen en positieve transformatie te creëren in elk aspect van ons leven.

Hoe transformeer je negatieve energie en materie naar positieve energie en materie?

Het transformeren van negatieve energie en materie naar positieve energie en materie is het transformeren van de negatieve informatie binnen de energie en materie naar positieve informatie. Of energie of materie positief of negatief is, hangt af van je ziel, hart en geest. Geven, ontvangen en verwerken je ziel, hart en geest positieve informatie of negatieve informatie? Door positieve informatie te geven, te ontvangen en te verwerken, kunnen we negatieve energie en materie omzetten in positieve energie en materie. Op die manier kunnen wij onze ziel, hart en geest helen, transformeren en verheffen en ons leven naar een hoger plan tillen.

Stel, je wordt geconfronteerd met een situatie die je pijn en lijden brengt. Je zou deze negatieve energie en materie willen transformeren in positieve energie en materie, zodat je liefde en vreugde zult hebben. Hoe kun je dit doen?

Om een negatieve situatie, die bestaat uit negatieve energie en materie, om te zetten in een positieve situatie, die bestaat uit positieve energie en materie, moet de negatieve informatie in de situatie worden omgezet in positieve informatie. Wij stellen het volgende vier-stappen-proces voor:

Stap 1. Zet negatieve zielenkracht om in positieve zielenkracht. Geef positieve informatie aan deze situatie. Liefde doet alle blokkades smelten en transformeert elk aspect van ons leven. Liefde is de krachtigste positieve informatie. Je kunt liefde geven aan deze negatieve situatie. Realiseer je dat deze situatie zich voordoet in je leven om je te helpen jezelf en je leven te transformeren. Het is je leraar om je iets heel waardevols te leren, zodat je je ziel, hart, geest en leven kunt optillen. Voel de grootste liefde en zegeningen van deze situatie.

Stap 2. Transformeer negatieve hartkracht in positieve hartkracht. Transformeer frustratie, verdriet, irritatie, egoïsme, boosheid, angst en andere negatieve hartkracht in positieve hartkracht. Voel de grootste liefde en dankbaarheid voor wat er op dit moment gebeurt. Geef je waardering voor deze situatie en iedereen die erbij betrokken is.

Stap 3. Transformeer negatieve geestkracht in positieve geestkracht. Vraag wat je van deze levenssituatie kunt leren. Transformeer negatieve gedachtepatronen, negatieve overtuigingen, negatieve houdingen, negatieve gewoontes, ego, gehechtheid, en andere negatieve geestkracht in positieve geestkracht.

Stap 4. Gebruik wat je van deze situatie leert om anderen te helpen. Het doel van het leven is om onze positieve informatie te vergroten. Het vergroten van onze positieve informatie is het verbeteren van onze verbinding met anderen. Het is om ons in staat te stellen beter te dienen. Dienstbaar zijn is anderen gelukkiger en gezonder maken.

Door de bovenstaande vier stappen te doorlopen, kun je elke negatieve energie, materie en situatie transformeren naar positieve energie, materie en situatie. Je zou snel elk aspect van je leven kunnen helen, transformeren en naar een hoger niveau kunnen brengen.

Het chanten van speciale mantra's is een goede manier om negatieve energie en materie om te zetten in positieve energie en materie, omdat het positieve informatie en vibraties naar ons toe zendt. Om onze negatieve energie en materie effectief te transformeren in positieve energie en materie, is het geheim om non-stop te chanten met heel je ziel, hart en geest. Als je gedurende een aanzienlijke tijd non-stop kunt chanten, kun je enorm veel negatieve energie en materie omzetten in positieve energie en materie.

Een van de doelen van de Tao wetenschap is het ontwikkelen van krachtige technieken, oefeningen en technologieën om mensen te helpen negatieve energie en materie om te zetten in positieve energie en materie. In de volgende drie hoofdstukken (zeven, acht en negen) introduceren we Tao downloads, Tao transmissies, Tao Kalligrafie en meer. Deze middelen en technieken kunnen helpen elk aspect van je leven snel te helen, te transformeren en naar een hoger niveau te brengen.

Wij moedigen je aan nu en regelmatig de tijd te nemen om elk aspect van je leven te onderzoeken. Ga je gedachten eens na, je emoties, gevoelens, spreken, schrijven, proeven, horen, ruiken en andere handelingen. Ga je boeken eens na, je muziek, huis, relaties, carrière, financiën en meer. Je hebt de kracht om negatieve energie en materie om te zetten in positieve energie en materie door het inzetten van positieve informatie. Als je dat doet, kun je elk aspect van je leven op een diepgaande manier helen, transformeren en naar een hoger niveau brengen.

Hoe bereken je ziel, hart en geest?

Materie heeft de kracht om onze ziel, hart en geest te transformeren. Sterker nog, uit de samenstelling van materie kunnen we ziel, hart en geest mathematisch berekenen. Hoe? Het is ons een eer om dit aspect van de Tao wetenschap uit te leggen.

Natuurkunde leert ons hoe we energie en materie kunnen meten en berekenen. Als we weten hoe we iets kunnen berekenen, betekent dit dat we kunnen begrijpen hoe we het kunnen transformeren en volledig kunnen benutten. Omdat de natuurkunde in staat is energie en materie te meten en te berekenen, heeft zij een groot vermogen om energie en materie te transformeren, over te dragen, te verkrijgen en te gebruiken. Dit heeft geleid tot allerlei prachtige uitvindingen en grootse prestaties, zoals elektriciteit, licht, televisie, ruimtevaart, internet, lasers en nog veel meer.

In de Tao wetenschap kunnen we onze ziel, hart en geest berekenen. De berekening van ziel, hart en geest zal ons helpen een dieper inzicht te verkrijgen en een groter vermogen om onze shen-kracht, de kracht van onze ziel, hart en geest, te ontwikkelen en te gebruiken. Deze berekening zal ons ook helpen een beter begrip te krijgen van de hoogste ziel, hart, geest, energie en materie—wat dit is en hoe we dit kunnen bereiken.

Met behulp van de wiskundige hulpmiddelen die in de kwantumfysica zijn ontwikkeld, kunnen wij onze ziel, hart, geest, energie en materie berekenen. Laten we nu uitleggen hoe we deze berekeningen van ziel, hart en geest kunnen uitvoeren.

In de kwantumfysica wordt alles en iedereen wiskundig beschreven door golffuncties. Een golffunctie beschrijft de soorten en hoeveelheid trillingen in iemands trillingsveld. De kwantumfysica biedt manieren om de golffunctie voor alles en iedereen te berekenen. Uit de golffunctie kunnen we het gedrag van alles en iedereen afleiden.

In de kwantumfysica kunnen wij bijvoorbeeld de golffunctie voor het waterstofatoom berekenen. Het waterstofatoom is het eenvoudigste en kleinste atoom. Het bestaat uit één elektron dat in een baan om één proton draait. Het waterstofatoom is een van de weinige systemen waarvan de golffunctie exact kan worden berekend in de kwantumfysica.

De wiskundige beschrijving van de golffunctie van een waterstofatoom toont ons dat het elektron in het atoom rond het proton ronddraait in bepaalde afzonderlijke banen. Met andere woorden, in de stabiele toestand van het waterstofatoom beweegt het elektron niet in willekeurige banen rond het proton. Het is zeer vergelijkbaar met ons zonnestelsel. De planeten draaien rond de zon in bepaalde banen. Ze draaien niet in willekeurige banen. Maar in tegenstelling tot de planeten kan het elektron van een waterstofatoom van de ene mogelijke baan naar de andere springen. Bij deze overgang absorbeert of zendt het waterstofatoom licht uit. Als het elektron van een hogere energietoestand naar een lagere energietoestand springt, zal een lichtgolf worden uitgezonden. Wil het elektron van een lagere energietoestand naar een hogere energietoestand springen, dan moet het waterstofatoom een lichtgolf absorberen met een energie die precies gelijk is aan het verschil tussen de twee energietoestanden.

Uit de golffunctie van een waterstofatoom kunnen wij afleiden welke lichtfrequenties een waterstofatoom kan uitzenden en absorberen. We kunnen bepalen hoe het waterstofatoom zal reageren en zich zal gedragen als we er licht op schijnen, het verhitten of er iets mee doen. Wij kunnen onze berekeningen controleren met behulp van experimentele metingen. Op deze manier kunnen we alles te weten komen wat we willen weten over het waterstofatoom. We kunnen tot een volledig wetenschappelijk begrip van het waterstofatoom komen.

Hoe kunnen we de ziel, hart en geest van een waterstofatoom berekenen? De ziel is de informatie-inhoud van het atoom. Informatie is de mogelijke toestanden van het atoom. Aangezien de golffunctie van een waterstofatoom ons zijn mogelijke toestanden laat zien, kunnen wij de informatie-inhoud van het waterstofatoom uit zijn golffunctie bepalen. Daarom beschrijft de golffunctie in feite de ziel van het atoom.

Om het hart van een waterstofatoom te berekenen, moeten we de soorten en hoeveelheden trillingen weten die het atoom kan ontvangen. Volgens de kwantumfysica ontvangt een waterstofatoom trillingen door een verschijnsel dat resonantie heet. Uit zijn golffunctie kunnen wij afleiden met welke soorten trillingen een waterstofatoom kan resoneren. Op deze manier kunnen we weten wat voor soort hart het waterstofatoom heeft. Het hart van een waterstofatoom kan worden gemeten met een spectrometer. Een spectrometer is een instrument dat de soorten licht meet die een waterstofatoom kan ontvangen of uitzenden. Het spectrum van licht dat door een waterstofatoom wordt geabsorbeerd of uitgezonden, vertegenwoordigt het hart van het atoom.

Hoe kunnen we vervolgens de geest van een waterstofatoom meten? Wij kunnen het gedrag of de reactie van het atoom berekenen of meten nadat het een trilling heeft ontvangen. Aangezien wij de golffunctie van een waterstofatoom kennen, kan deze berekening worden uitgevoerd. Het gedrag of de reactie is de geest van het atoom, wat het bewustzijn is van het atoom.

De berekeningen van ziel, hart en geest die in de bovenstaande paragrafen zijn beschreven, kunnen op elk systeem worden toegepast. In principe kan van alles en iedereen de ziel, hart en geest worden berekend als we de golffunctie ervan kennen. Op dit moment ligt het berekenen van de golffunctie van een gecompliceerd systeem buiten het bereik van de mens. Maar met de ontwikkeling van kwantuminformatica zullen de golffuncties van steeds meer systemen wellicht berekenbaar worden.

De golffunctie kan ook worden gemeten met detectoren. Uit de berekening en/of meting van steeds meer golffuncties kan in de toekomst de berekening van de ziel, hart, geest, energie, en materie van steeds meer dingen mogelijk worden.

De maatstaf van onze ziel is entropie en negatieve entropie. Entropie geeft aan hoeveel negatieve informatie er in alles en iedereen aanwezig is. Negatieve informatie staat voor de wanorde en afscheiding in onze ziel. Negatieve entropie geeft de positieve informatie aan. Positieve informatie staat voor de orde in onze ziel en de wisselwerking en verbinding die onze ziel heeft met anderen. Onze positieve informatie of negatieve entropie bepaalt de kracht van onze ziel.

De maatstaf van ons hart is de hoeveelheid resonantie die ons trillingsveld met anderen kan hebben. Hoe meer resonantie we met anderen kunnen voelen, des te krachtiger is ons hart. Verschillende instrumenten en detectiemethoden, zoals infrarood- en ultravioletspectrometrie, gammastraal-detectoren, magnetische resonantiebeeldweergave (MRI) en elektronen-microscopie, meten in wezen het hart.

De maatstaf van onze geest is de hoeveelheid informatie die wij per seconde in ons trillingsveld kunnen verwerken. Hoe meer informatie we per seconde kunnen verwerken, hoe krachtiger onze geest is.

In het volgende hoofdstuk zullen we de hier beschreven methoden gebruiken om de hoogste vorm van ziel, hart, geest, energie en materie te bespreken en hoe we deze hoogste staat kunnen bereiken. We sluiten dit hoofdstuk eerst af door wat we tot nu toe hebben geleerd te gebruiken om enkele controversen rond de kwantumfysica aan de orde te stellen.

Oplossing van controversen rond kwantumfysica

De basis van de kwantumfysica wordt door veel natuurkundigen nog steeds niet goed begrepen. Dit komt vooral omdat kwantumfysica de grondslagen en hoekstenen van de natuurkunde en de natuurwetenschap op enkele kernpunten ter discussie stelt: objectiviteit, voorspelbaarheid, en oorzaak-gevolg van natuurverschijnselen.

Kwantumfysici bestuderen hoe zij de golffunctie van alles en iedereen kunnen berekenen en de eigenschappen van elk ding uit zijn golffunctie kunnen afleiden. De kwantumfysica gebruikt golffuncties om alles en iedereen te beschrijven, terwijl de klassieke fysica bewegingsvergelijkingen gebruikt om alles en iedereen te beschrijven. Dit is het grote verschil tussen kwantumfysica en klassieke fysica.

Bewegingsvergelijkingen zijn deterministisch. Uit een bewegingsvergelijking kun je afleiden waar een voorwerp zich in het verleden bevond en waar het zich in de toekomst zal bevinden. De aard van een golffunctie is probabilistisch: een golffunctie kan ons alleen de mogelijkheden vertellen die inherent zijn aan het voorwerp. Vanwege de onzekere en niet-deterministische aard ervan beschouwen veel natuurkundigen, waaronder Albert Einstein, de kwantumfysica als een onbevredigende beschrijving van de natuur. Einstein beschouwde de probabilistische aard van de kwantumfysica als een daad van gokken. Hij kon niet geloven dat het de ware en essentiële eigenschappen van de natuur en God vertegenwoordigde. Einstein stierf als een ongelovige wat betreft de kwantumfysica omdat hij niet kon geloven dat "God dobbelt".

Wat Einstein en veel wetenschappers zich niet gerealiseerd hebben is dat de probabilistische aard van de kwantumfysica niet te wijten is aan enige onvolkomenheid van "God", de natuur of de kwantumfysica zelf, maar eerder het gevolg is van de diepe waarheid en wet van de Tao wetenschap over waar alles en iedereen uit bestaat, de Wet van Shen Qi Jing.

De Wet van Shen Qi Jing, die in wetenschappelijke termen de Wet van Informatie Energie Materie is, vertelt ons dat alles en iedereen bestaat uit informatie, energie en materie. Informatie beschrijft de mogelijkheden binnen iedereen en elk ding. Informatie is in wezen probabilistisch. Daarom hoeft de probabilistische aard van de kwantumfysica en de golffunctie niet langer verrassend te zijn. Een golffunctie vertelt ons de mogelijke toestanden van een systeem, alsook de energie en materie die elke toestand bevat. Dit betekent dat de golffunctie de informatie, energie en materie in alles en iedereen beschrijft. Dit geeft aan dat de kwantumfysica de Wet van Shen Qi Jing volgt.

Het subjectieve karakter van kwantumverschijnselen is ernstig in strijd met een van de hoekstenen van wetenschappelijk onderzoek en van de natuurwetenschap zelf, namelijk objectiviteit. In de natuurwetenschap wordt algemeen aanvaard dat natuurverschijnselen objectief zijn. Hun bestaan en optreden hangen niet af van de waarnemer. Wat er gebeurt, hangt niet af van wie er kijkt of hoe er gekeken wordt. De waarneming heeft geen invloed op de gebeurtenis. In de kwantumfysica daarentegen zijn verschijnselen subjectief. Zij hangen af van de waarnemer en van de actie van de waarnemer.

Uit onze definities van ziel, hart en geest in de Tao wetenschap kunnen we gemakkelijk opmaken dat ons hart en onze geest bepalen welke potenties of mogelijkheden vanuit onze ziel gemanifesteerd worden. Daarom is de werkelijkheid die wij waarnemen subjectief. De subjectieve aard van kwantumverschijnselen kan gemakkelijk worden begrepen. Het bevestigt en illustreert wetenschappelijk wat vele spirituele leraren, zoals Boeddha, Jezus en anderen ons hebben geleerd. Alles komt voort uit onze ziel, hart en geest.

De ogenschijnlijke schending van het oorzaak-gevolg principe door het verschijnsel van kwantumverstrengeling kan ook worden afgeleid uit de Wet van Shen Qi Jing. Alle voorbeelden van kwantumverstrengeling zijn het gevolg van het feit dat informatie, energie en materie de basisbestanddelen zijn van ons bestaan. Ruimte en tijd is een manier om onze wereld te meten en te organiseren. Wanneer we dit begrijpen, is het bestaan van niet-lokale verschijnselen niet langer verrassend. De volledige afleiding van verschijnselen van kwantumverstrengeling is gerelateerd aan een andere belangrijke wet in de Tao wetenschap, de Wet van Tao Yin Yang Creatie. Wij zullen de afleiding in hoofdstuk elf presenteren. Daaruit zal blijken dat het verschijnsel van kwantumverstrengeling niet in strijd is met oorzaak-gevolg. Integendeel, het is in feite het *resultaat* van oorzaak-gevolg.

Samengevat, de Wet van Shen Qi Jing en de definities van ziel, hart en geest geven ons een eenvoudig metafysisch begrip van de kwantumfysica. Met andere woorden, de Tao wetenschap biedt een manier om de kwantumfysica te begrijpen in termen die iedereen kan begrijpen. De kwantumfysica levert op haar beurt een wetenschappelijk bewijs en verklaring van de Wet van Shen Qi Jing en andere spirituele wijsheid en verschijnselen.

Het Grote Eenheidsveld

E EN VELD IS iets dat zich uitstrekt over ruimte en tijd. Op Moeder Aarde kunnen wij ons bevinden op een grasveld, in een bloemenveld, een graanveld of in een veld in de bergen. Een rivier is een veld. Een oceaan is een veld. Er zijn ontelbare velden op Moeder Aarde.

In 1920 realiseerde Einstein zich dat een veld, in het bijzonder het zwaartekrachtveld, een nauwkeuriger manier is om de zwaartekracht te beschrijven dan de zwaartekracht van Newton. De kwantumfysica breidt het concept van het veld uit tot alle dingen. Zij beschrijft iedereen en elk ding als een trillingsveld bestaande uit verschillende trillingen. Een trilling is een golf. Het is een periodieke oscillatie in ruimte en tijd. Het is van nature een veld, omdat het zich uitstrekt over ruimte en tijd.

De tak van de natuurkunde die elektromagnetisme heet, heeft aangetoond dat de elektrische kracht en de magnetische kracht ook het resultaat zijn van velden, respectievelijk het elektrische veld en het magnetisch veld. Einsteins speciale relativiteitstheorie toont aan, dat in een vierdimensionale ruimtetijd de elektrische en magnetische krachten één worden en het resultaat zijn van het elektromagnetische veld. Op deze manier zijn de elektrische kracht en de magnetische kracht verenigd in de vierdimensionale ruimtetijd.

De vereniging van de elektrische kracht en de magnetische kracht ondersteunt het diepe geloof van Einstein en een groot deel van de mensheid dat alles in de natuur uit één bron voortkomt. Einstein was vast overtuigd van deze waarheid en besteedde een groot deel van zijn latere jaren aan het vinden van de wiskundige formule voor het eenheidsveld, dat zowel het zwaartekrachtveld als het elektromagnetische veld omvat. Hiermee begon de voortdurende zoektocht naar het eenheidsveld en de eenheidstheorie.

Met de ontwikkeling van de kwantumfysica en de ontdekking van de zogenaamde zwakke kernkracht, sterke kernkracht en vele elementaire deeltjes, is het zoeken naar het eenheidsveld opgewaardeerd tot het zoeken naar het grote eenheidsveld en de grote eenheidstheorie. Momenteel is de snaartheorie in staat om alle krachten en alle materie te verenigen. Er blijven echter nog enkele belangrijke vragen onbeantwoord.

Het zoeken naar het grote eenheidsveld is een diepe zoektocht om de bron en oorsprong van alles en iedereen te ontdekken. Het is de poging om de Schepper en de Bron wetenschappelijk te vinden. Het is het gebruik van één wiskundige formule om de Schepper, Tao en de Bron te beschrijven. Het is de poging om de weg te vinden om de Schepper en de Bron op een wetenschappelijke manier te bereiken.

Is dit mogelijk?

Laten we eens nagaan welke inzichten spirituele wijsheid ons kan geven.

Berekening van het Grote Eenheidsveld

Tao wijsheid vertelt ons dat Tao, de leegte, de Schepper en Bron is van alles en iedereen. Het grote eenheidsveld is het trillingsveld van Tao.

In de klassieke natuurkunde is de leegte het niets. Er is letterlijk niets in de leegte.

In de kwantumfysica is de leegte niet langer het niets. Trillingen kunnen zowel uit de leegte voortkomen als er weer in terugkeren. Dit fenomeen wordt kwantumfluctuatie genoemd. Aangezien er geen blokkades zijn in de leegte, kunnen allerlei trillingen in de leegte verschijnen door kwantumfluctuatie.

Een golffunctie beschrijft de mogelijke trillingen en toestanden van iets. De golffunctie kan ons de informatie, energie en materie binnenin iets vertellen. De beroemde kwantumfysicus Richard Feynman ontdekte dat het berekenen van de golffunctie de som van alle mogelijke toestanden is. Als je probeert de golffunctie van de leegte te berekenen, zul je ontdekken dat de leegte oneindig veel mogelijkheden en oneindig veel trillingen bevat. Het oneindige is iets dat zo groot of zo klein is dat het niet gekwantificeerd of gemeten kan worden. Het is groter dan het grootste. Het is kleiner dan het kleinste. Binnen de leegte is er ontelbare informatie, energie en materie.

Aangezien de natuurkunde alleen verschijnselen en materie in het waarneembare heelal bestudeert, houdt de natuurkunde zich alleen bezig met het meetbare, dat inherent eindig is. Daarom is het oneindige een van de meest uitdagende problemen die natuurkundigen ooit zijn tegengekomen. Voor sommige natuurkundigen is de ontmoeting met het oneindige zelfs een beangstigende ervaring. Aanvankelijk verkozen veel natuurkundigen het oneindige in de leegte te negeren. Immers, niets in deze wereld is leegte. Maar zij kunnen het oneindige en de leegte niet langer uit de weg blijven gaan. Spoedig zouden zij in de kwantumfysica kunnen ontdekken dat materie interactie heeft met de leegte. Deze interactie kan ook het oneindige creëren.

Nobelprijswinnaar Paul Dirac wordt beschouwd als een van de belangrijkste natuurkundigen van de twintigste eeuw vanwege zijn wiskundige genialiteit. In het begin van de jaren tachtig zei Paul Dirac tegen Edward Witten, een van de beste snaartheoretici van Princeton University, dat de belangrijkste uitdaging in de natuurkunde was "van de oneindigheid af te komen".

Decennialang hebben kwantumfysici zich afgevraagd hoe zij het oneindige moesten begrijpen en ermee moesten omgaan. Uiteindelijk hebben zij een methode ontwikkeld, de renormalisatietechniek genaamd, om met het oneindigheidsprobleem om te gaan. Wij zullen niet in details treden over de renormalisatie. Wij willen slechts samenvatten wat wij van de kwantumfysica kunnen leren over Tao, het grote eenheidsveld:

- Leegte heeft grenzeloze informatie, energie, en materie.
- Leegte heeft oneindige ziel, hart, geest, energie, en materie.
- Leegte is in alles en iedereen.
- Leegte staat in wisselwerking met en reageert op alles en iedereen.

Daarom is het grote eenheidsveld niet te beschrijven. Geen getallen en geen woorden kunnen dit grote eenheidsveld uitdrukken.

Het grote eenheidsveld heeft een ziel, hart, geest, energie, en materie.

De ziel van het grote eenheidsveld is grenzeloos. Het bevat alle mogelijkheden en alle informatie. Het is kwantumverstrengeld met alles en iedereen. Het is verbonden met alles en iedereen. Het is in alles en iedereen. Het heeft de hoogste positieve informatie.

Het hart van het grote eenheidsveld is allesomvattend. Het kan alle informatie van alles en iedereen ontvangen en erop reageren.

De geest van het grote eenheidsveld is grenzeloos. Het kan elke informatie onmiddellijk verwerken.

De energie van het grote eenheidsveld is eindeloos. Het kan nooit uitgeput raken.

De materie van het grote eenheidsveld is niet in cijfers uit te drukken. Het is groter dan het grootste en kleiner dan het kleinste.

Het grote eenheidsveld is de ultieme levensbron die voedt, verjongt en alles en iedereen voorziet van energie.

Wanneer wij ons verbinden met dit grote eenheidsveld, kunnen wij elke rijkdom, schat, elixer, nectar en nog veel meer verkrijgen. Wij kunnen onbeperkt energie putten. Wij kunnen alle wijsheid, kennis en geheimen verkrijgen, evenals alle bovennatuurlijke krachten en vermogens.

Verbinding maken met het grote eenheidsveld is de volgende fase van de menselijke evolutie voor de hoogste informatie, onbeperkte energie en ontelbare materie.

Op dit moment blijft het grootste deel van de mensheid nog op het niveau van bewustzijn dat ervan uitgaat dat de hulpbronnen beperkt zijn. Daarom moet men worstelen, wedijveren en vechten met anderen voor deze hulpbronnen. Het merendeel van de mensheid heeft zich niet gerealiseerd dat onbeperkte informatie, energie en materie voor iedereen beschikbaar is, hier en nu. We hoeven met niemand te concurreren of te vechten met welke groep dan ook om dit te verkrijgen. Alles wat we hoeven te doen is ons te verbinden met het grenzeloze grote eenheidsveld. Alles wat we ooit nodig zouden hebben, alles wat we willen, alles wat we ons ooit kunnen voorstellen, alles wat we ons niet kunnen voorstellen en alles waar we ooit van gedroomd hebben, kan tot ons komen. Het doel van dit hoofdstuk is om de wijsheid, kennis en oefeningen met je te delen om je in staat te stellen dit te bereiken.

In de toekomst zal technologie worden ontwikkeld en beschikbaar zijn voor de mensheid en alle wezens om onbeperkte energie, materie en informatie te verkrijgen uit het grote eenheidsveld. We zullen ons nooit meer zorgen hoeven te maken over de energiecrisis, financiële uitdagingen en andere tekorten en lijden. Dit soort technologie zal worden gemanifesteerd zodra onze ziel, hart en geest er klaar voor zijn om het tot werkelijkheid te brengen.

Hoe kunnen we het grote eenheidsveld bereiken? Oude wijsheid geeft belangrijke inzichten.

Spirituele wijsheid en het Grote Eenheidsveld

Miljoenen mensen in de geschiedenis hebben gezocht naar de waarheid over hoe ons heelal is ontstaan, hoe het zich heeft ontwikkeld en hoe het zal eindigen. Veel wetenschappers hebben hun leven gewijd aan het zoeken naar deze waarheid.

Oude diepe spirituele wijsheid heeft deze waarheid geopenbaard. In de klassieke tekst, *Dao De Jing*, zegt Lao Zi:

Tao Sheng Yi
Yi Sheng Er
Er Sheng San
San Sheng Wan Wu

Wan Wu Gui San
San Gui Er
Er Gui Yi
Yi Gui Tao

Deze twee vierregelige strofen beschrijven respectievelijk Tao Normale Creatie en Tao Terugkerende Creatie.

Het Grote Eenheidsveld, Tao Normale Creatie, Tao Terugkerende Creatie

Laten we elke regel eens bekijken, te beginnen met de vier regels van Tao Normale Creatie.

Tao Sheng Yi
Yi Sheng Er
Er Sheng San
San Sheng Wan Wu

Tao Sheng Yi

Tao is de Bron, die de Schepper is. Sheng betekent *creëert*. Yi betekent *Eenheid*. Tao Sheng Yi betekent *Tao creëert Eenheid*. Eenheid is een veld. Dit veld wordt de Hun Dun toestand genoemd. Hun Dun betekent *wazig*. Tao creëert de Hun Dun Eenheidstoestand. In feite ís Tao de Hun Dun Eenheidstoestand en de Hun Dun Eenheidstoestand ís Tao. In de Hun Dun Eenheidstoestand zijn er twee soorten qi: qing qi (*lichte, zuivere energie*) en zhuo qi (*zware, verstoorde energie*). In de Hun Dun Eenheidstoestand zijn qing qi en zhuo qi vermengd en niet van elkaar te onderscheiden. Ze wachten aeonenlang totdat Tao besluit dat het tijd is voor qi transformatie.

In de Tao wetenschap is de Hun Dun Eenheidstoestand het grote eenheidsveld.

Yi Sheng Er

Er betekent *twee*. Yi Sheng Er betekent *Eenheid creëert Twee*. Yi is het Hun Dun Eenheidsveld, dat het grote eenheidsveld is. Wanneer qi transformatie plaatsvindt, stijgt de lichte, zuivere energie op om de Hemel te vormen. De zware, verstoorde energie valt naar beneden om de Aarde te vormen. Hemel en Aarde zijn twee. Hemel is yang. Aarde is yin.

In de Tao wetenschap is de Hemel een kwantumveld. De aarde is ook een kwantumveld.

Er Sheng San

San betekent *drie*. Er Sheng San betekent *Twee creëert Drie*. Twee is Hemel en Aarde. Drie is de Hun Dun Eenheidstoestand plus Hemel en Aarde.

In de Tao wetenschap is deze Drie ook een kwantumveld.

San Sheng Wan Wu

San betekent *drie*. Sheng betekent *creëert*. Wan betekent *tienduizend*. In het Chinees staat tienduizend voor oneindigheid. Wu betekent *dingen*. San Sheng Wan Wu betekent *Drie creëert ontelbare planeten, sterren, sterrenstelsels en universa.* Moeder Aarde is slechts één planeet.

In de Tao wetenschap is elke planeet een kwantumveld. Elke ster, elk sterrenstelsel, elk universum en elk menselijk wezen is een kwantumveld. Alles en iedereen is een kwantumveld. De Hun Dun Eenheidstoestand is het grote eenheidsveld.

Om de grote eenwording verder uit te leggen, moeten we een andere oude diepe wijsheid kennen die nu naar de eenentwintigste eeuw is gebracht om andere universele waarheden uit te leggen en te helpen wetenschap en spiritualiteit te verenigen. Dit is de Wet van Shen Qi Jing die we in hoofdstuk drie hebben uitgelegd: alles en iedereen bestaat uit shen qi jing. Onthoud dat jing *materie* betekent. Qi betekent *energie*. Shen omvat *ziel, hart* en *geest*.

In de Tao wetenschap is jing oftewel materie, ons fysieke bestaan. Qi is energie, die de functie heeft om materie in beweging te brengen. Shen is informatie, die drie aspecten omvat: inhoud van informatie (ziel), ontvanger van informatie (hart), en verwerker van informatie (geest).

Tao Sheng Yi, Yi Sheng Er, Er Sheng San, San Sheng Wan Wu is Tao Normale Creatie.

Zie afbeelding 3. Tao creëert Eén. Eén creëert Twee. Twee creëert Drie. Drie creëert alles en iedereen. Dit proces wordt Tao Normale Creatie genoemd.

Bij de eerste stap in Tao Normale Creatie, "creëert" Tao de Hun Dun Eenheidstoestand. In feite zijn zij één en dezelfde. Tao en de Hun Dun Eenheidstoestand behoren tot de Wu wereld, die het rijk is van de leegte en het niets. In de oude wijsheid creëert Wu You. De You wereld is het rijk van het bestaan. Het omvat Twee, Drie en wan wu. Wan wu omvat ontelbare planeten, sterren, sterrenstelsels en universa, evenals mensen, dieren, planten, mineralen, cellen, moleculen, atomen, elektronen, quarks en alles en iedereen.

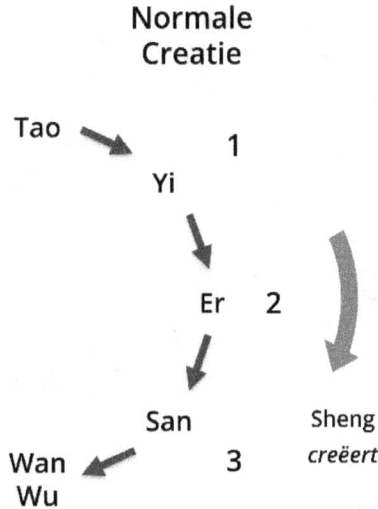

Normale Creatie

Tao → 1
Yi

Er 2

San 3 Sheng
Wan ← creëert
Wu

Afbeelding 3. Tao Normale Creatie

Tao Normale Creatie legt uit hoe het universum (de You wereld van wan wu, oftewel alles en iedereen) is gecreëerd. Hoe zal het universum zich ontwikkelen en eindigen? Laten we eens kijken naar de vier regels in Tao Terugkerende Creatie. Zie afbeelding 4 hieronder.

Wan Wu Gui San
San Gui Er
Er Gui Yi
Yi Gui Tao

Wan Wu Gui San

Wan Wu betekent *tienduizend dingen*, dat is een manier om alle dingen uit te drukken. Gui betekent *terugkeren*. San betekent *drie*. Wan

Wu Gui San betekent: *Ontelbare planeten, sterren, sterrenstelsels, universa en mensen keren terug naar Drie.*

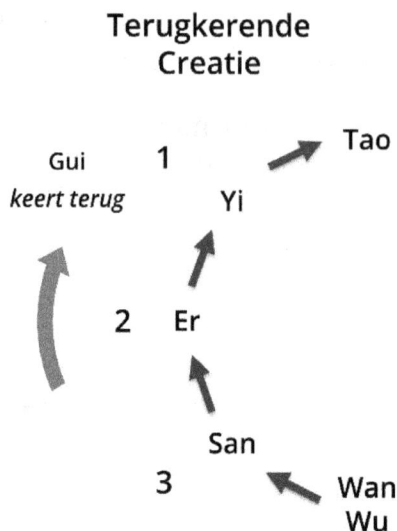

Afbeelding 4: Tao Terugkerende Creatie

San Gui Er

San Gui Er betekent: *Drie keert terug naar Twee.* Onthoud dat deze *Drie* de Hun Dun Eenheidstoestand is plus Hemel en Aarde.

Er Gui Yi

Er Gui Yi betekent: *Twee keert terug naar Eén.* Deze *Twee* is Hemel en Aarde. Deze *Eén is* de Hun Dun Eenheidstoestand.

Yi Gui Tao

Yi Gui Tao betekent: *Eén keert terug naar Tao.*

In de Tao wetenschap kunnen we de wijsheid wetenschappelijk verklaren. Wan wu is een kwantumveld. Het bestaat uit jing qi shen. "Drie" is een kwantumveld. Het bestaat uit jing qi shen. "Twee" is een kwantumveld. Het bestaat uit jing qi shen. "Eén" is het Hun Dun

Eenheidsveld, wat het grote eenheidsveld is. Tao creëert en is het Hun Dun Eenheidsveld, wat ook het grote eenheidsveld is.

Uit Tao Normale Creatie en Tao Terugkerende Creatie kunnen we het volgende samenvatten en afleiden:

- Tao creëert Eén, wat het grote eenheidsveld is.

- Hemel en Aarde zijn twee kwantumvelden.

- Wan wu, met inbegrip van ontelbare planeten, sterren, sterrenstelsels, universa en mensen, zijn ontelbare kwantumvelden.

- Tao en Eén zijn de leegte en het niets, dat ontelbare positieve informatie, energie en materie bevat. Hemel en Aarde bevatten veel minder positieve informatie, energie en materie dan Tao en Eén. Ontelbare planeten, sterren, sterrenstelsels, universa en mensen bevatten minder positieve informatie, energie, en materie dan Hemel en Aarde.

- Wan Wu Gui San, San Gui Er, Er Gui Yi, Yi Gui Tao is Tao Terugkerende Creatie. Het is precies het omgekeerde van Tao Normale Creatie.

- Binnen de Tao Normale Creatie bevatten Tao en Eén de meest ontelbare, zuiverste en meest positieve informatie, energie en materie. Hemel en Aarde bevatten minder. Wan wu bevat nog minder.

- Binnen Tao Terugkerende Creatie zal wan wu zijn informatie, energie en materie zuiveren en transformeren om de zuiverheid van de informatie, energie en materie van Hemel en Aarde te bereiken. Dan zullen de informatie, energie en materie van Hemel en Aarde verder zuiveren en transformeren om de hoogste zuiverheid van de informatie, energie en materie van Tao en Eén te bereiken en terug te keren naar de

hoogste zuiverheid van de informatie, energie en materie
van Tao en Eén.

- In de Tao wetenschap kunnen we stellen dat Tao en Eén de
  meeste negatieve entropie en de meeste positieve informatie
  bevatten. Binnen Tao en Eén is er geen negatieve informatie.
  Hemel, Aarde en wan wu hebben geleidelijk aan steeds minder zuivere en positieve informatie. Daarom bevatten Hemel,
  Aarde en wan wu steeds meer entropie en negatieve informatie.

Tao Terugkerende Creatie is het proces van het transformeren van
negatieve informatie, energie en materie naar positieve informatie,
energie, en materie. Wan wu bevat de meest negatieve informatie,
energie en materie. Wan wu die terugkeert naar Hemel en Aarde is
wan wu die negatieve informatie en entropie zuivert en vermindert
en positieve informatie en negatieve entropie doet toenemen.

Wanneer Hemel en Aarde terugkeren naar Eén en Tao, is hun informatie volledig positief geworden. Een staat van volledige negatieve
entropie is bereikt.

Formule van de Grote Eenwording

Meer dan vijfduizend jaar geleden wisten de oude Taoïstische meesters al dat er een Bron was die bestond vóór Hemel en Aarde. Deze
Bron heeft Hemel, Aarde, alles en iedereen gecreëerd. Zij ontdekten
dat het geheim om contact te maken met deze Bron is om shen, qi en
jing samen te brengen tot één. Dit inzicht heeft veel mensen geholpen
om fysieke en spirituele prestaties op hoog niveau te bereiken. Deze
diepe wijsheid is ook de poort naar het vinden en bereiken van het
grote eenheidsveld.

In 2013, toen we samenwerkten, deelde Dr. Rulin met mij (Master
Sha) haar inspiratie om de grote eenheidstheorie te verkrijgen, die
ene formule die alles en iedereen omvat. Ik sloot een minuut mijn

ogen. Toen schreef ik op een stuk papier de grote eenwordingsformule:

$$S + E + M = 1$$

S staat voor shen, dat ziel, hart en geest omvat—respectievelijk de inhoud, ontvanger en verwerker van informatie. E is energie, die de functie heeft om materie in beweging te brengen. M is materie, dat is het fysieke bestaan van alles en iedereen.

Het grote eenheidsveld of de Grote Eenwordingstheorie (GUT) vertelt ons dat alles en iedereen gemaakt is van shen qi jing. Tao en Eén zijn de ultieme Schepper. Hemel en Aarde (yang en yin) zijn secundaire scheppers. Drie is de volgende laag van schepper. Wan wu is weer een andere laag van schepper. We zijn allemaal scheppers, maar we zijn verschillende lagen van scheppers.

Tao Normale Creatie legt uit hoe alles en iedereen gecreëerd wordt. Tao Terugkerende Creatie legt uit hoe alles en iedereen ontwikkelt en eindigt bij zijn uiteindelijke bestemming.

Mensen en wan wu hebben uitdagingen en moeilijkheden omdat hun shen, qi en jing niet op één lijn zijn met elkaar. Met andere woorden, hun informatie, energie en materie zijn niet op één lijn. Ze zijn gescheiden, uit verbinding en in wanorde.

Elk aspect van het leven volgt Tao Normale Creatie en Tao Terugkerende Creatie omdat dat de hoogste filosofie, de hoogste theorie, de hoogste beoefening, de hoogste wetenschap en de hoogste principes en wetten zijn.

Miljoenen mensen zijn ziek.

Miljoenen mensen sterven in ziekenhuizen.

Miljoenen mensen hebben relatieproblemen.

Miljoenen mensen hebben financiële problemen.

Miljoenen mensen hebben uitdagingen om succesvol te zijn.

Miljoenen mensen hebben allerlei uitdagingen.

Waarom? Zie de grote eenwordingsformule S + E + M = 1. Alles en iedereen en elk aspect van het leven bestaat uit shen qi jing. Alle soorten uitdagingen en moeilijkheden zijn te wijten aan het feit dat shen qi jing niet is samengevoegd als één.

Shen kan blokkades hebben. Qi kan blokkades hebben. Jing kan blokkades hebben. In de Tao wetenschap kunnen informatie, energie, en materie allemaal blokkades hebben. Om al deze blokkades te transformeren moeten we shen qi jing op één lijn brengen. Dan kunnen we werkelijk terugkeren naar Eén en Tao.

Waarom is deze formule de grote eenwordingsformule? Het kan verklaren hoe ontelbare planeten, sterren, sterrenstelsels, universa en mensen worden gevormd, zich ontwikkelen en eindigen. Het kan ook verklaren hoe gezondheid, relatie, financiën, succes, wetenschap, zaken, elk beroep, verjonging, lang leven, onsterfelijkheid en elk aspect van het leven getransformeerd kan worden. Dus in één zin gezegd:

S + E + M = 1 is de wetenschappelijke vergelijking van de Grote Eenwordingstheorie en beoefening.

S + E + M = 1 bevat de oplossing om alles en iedereen te transformeren, van het grootste universum tot de kleinste quark, in elk aspect van het leven. De wetenschappelijke inzichten en praktische voordelen zijn onmetelijk. Het toepassen van deze grote eenwordingsformule is het aanbieden van een revolutionaire dienst om de mensheid, Moeder Aarde en ontelbare planeten, sterren, sterrenstelsels, en universa te transformeren.

Pas S + E + M = 1 toe om al het leven te transformeren

Wij hebben de Vier Krachttechnieken geleerd om al het leven te transformeren. Al duizenden jaren hebben spirituele en energiebeoefenaars drie van deze speciale technieken gebruikt. Nu introduceren we zes technieken om al het leven te transformeren.

1. **Lichaamskracht** (sinds de oudheid bekend als Shen Mi, *lichaamsgeheimen*)

   Lichaamskracht is het gebruik van lichaams- en handposities voor healing en transformatie. In één zin gezegd: waar je je handen plaatst is waar je healing en transformatie ontvangt.

2. **Klankkracht** (sinds de oudheid bekend als Kou Mi, *mondgeheimen*)

   Klankkracht is het chanten van speciale klanken of boodschappen, zoals oude en moderne speciale mantra's, die positieve informatie, energie en materie bevatten, die negatieve informatie, energie en materie kunnen transformeren.

3. **Geeskracht** (sinds de oudheid bekend als Yi Mi, *denkgeheimen*)

   Geest is bewustzijn. Er zijn vele soorten bewustzijn, waaronder oppervlakkig bewustzijn, diep bewustzijn, onderbewustzijn, bovenbewustzijn, en nog veel meer. Geestkracht is de kracht van het bewustzijn.

4. **Zielenkracht**

   Zielenkracht is de kracht van informatie. Spirituele mensen spreken over ziel of spirit. De kwantumwetenschap spreekt over informatie of boodschap. Het zijn verschillende woorden voor hetzelfde.

In de Tao wetenschap wordt zielenkracht onderverdeeld in positieve zielenkracht en negatieve zielenkracht. Ziel is informatie, die kan worden onderverdeeld in positieve informatie en negatieve informatie. Positieve informatie is positief karma, dat wordt gemeten door negatieve entropie. Negatieve informatie is negatief karma, dat wordt gemeten door entropie. Zielenkracht is het toepassen van positieve informatie om alle soorten negatieve informatie te transformeren.

In de Tao wetenschap gebruiken we de grote eenwordingsformule, $S + E + M = 1$, om elk aspect van het leven te transformeren. $S + E + M = 1$ bevat Tao en Hun Dun Eenheidsveld informatie, die de zuiverste, meest positieve, onbeperkte informatie is. Deze heeft de hoogste negatieve entropie. Later in dit hoofdstuk zullen we je begeleiden om $S + E + M = 1$ toe te passen om al het leven te transformeren.

5. Ademkracht

Vele leraren hebben vele ademhalingstechnieken onderwezen. Wij leggen de nadruk op één speciale ademhalingstechniek om al het leven te transformeren. Wanneer je mediteert, adem dan in en visualiseer een lichtkanaal dat van de navel naar het Ming Men acupunctuurpunt stroomt. Dit is het acupunctuurpunt dat zich bevindt op de Du meridiaan (Gouverneursvat) op de rug, direct achter de navel. Ming betekent *leven*. Men betekent *poort*. Daarom is het Ming Men punt de *levenspoort*. In de traditionele Chinese geneeskunde is het Ming Men punt een knooppunt voor de Vijf Elementen (Hout, Vuur, Aarde, Metaal, Water) en de vier extremiteiten.

Het element Hout omvat de lever, galblaas, ogen, pezen, en woede in het emotionele lichaam.

Het element Vuur omvat het hart, de dunne darm, tong, bloedvaten, en depressie en angstige spanning in het emotionele lichaam.

Het element Aarde omvat de milt, maag, mond, lippen, tandvlees, tanden, spieren, en zorgen maken in het emotionele lichaam.

Het element Metaal omvat de longen, dikke darm, neus, huid, en verdriet of rouw in het emotionele lichaam.

Het element Water omvat de nieren, blaas, oren, botten, en angst in het emotionele lichaam.

De meest diepe wijsheid is dat Tao alles en iedereen creëert. Waar is Tao in het lichaam? Het Ming Men punt is het Tao punt van het lichaam. Inademen terwijl je visualiseert dat het licht van de navel naar het Ming Men punt stroomt, is je verbinden met Tao. Wanneer je uitademt, kun je visualiseren dat het licht terugstroomt van het Ming Men punt naar de navel. Je verbindt je dan met Tao Normale Creatie en Tao Terugkerende Creatie en dat is je verbinden met Tao, Een, Twee, Drie en wan wu.

6. **Volg- en Schrijfkracht—Tao Kalligrafie**

Tao Kalligrafie is een unieke vorm van Chinese Kalligrafie gecreëerd door Master Sha. Het is een Eenheidsschrift. Een Chinees karakter wordt traditioneel geschreven met één tot wel meer dan twintig tekens. Eenheidsschrift is het verbinden van elk teken in een karakter, of zelfs van verschillende karakters in een hele zin, als één. Elke penseelstreek bestaat uit shen qi jing. Elke penseelstreek verbinden als één is S + E + M = 1.

We zullen ons in hoofdstuk negen richten op Tao Kalligrafie en Volg- en Schrijfkracht.

Kracht en betekenis van het Grote Eenheidsveld

In de Tao wetenschap begrijpen we dat alles en iedereen bestaat uit jing qi shen. Een mens bestaat uit jing qi shen. Een dier bestaat uit jing qi shen. Een oceaan, een berg, een boom, een bloem, een huis, een organisatie, een stad, een land—alles bestaat uit jing qi shen. Moeder Aarde bestaat uit jing qi shen. Ontelbare planeten, sterren, sterrenstelsels en universa bestaan allemaal uit jing qi shen. In één zin gezegd, alles en iedereen is een kwantumveld van jing qi shen.

Aanvullende belangrijke wijsheid van de Tao wetenschap is dat elk veld is opgebouwd uit informatie, energie en materie. We willen graag benadrukken wat we eerder hebben uitgelegd: Hemel, Aarde, ontelbare planeten, sterren, sterrenstelsels en universa en mensen hebben allemaal jing qi shen die niet op één lijn zijn. De Tao wetenschap zou zeggen dat hun informatie, energie en materie niet op één lijn zijn. Daarom heeft alles en iedereen beperkingen.

Vergeleken met Hemel en Aarde, is de levensduur van een mens uiterst beperkt. Weinig mensen leven meer dan honderd jaar. De Hemel en Moeder Aarde leven al miljarden jaren. Daarom is het leven van een mens beperkt. Het leven van Hemel en Aarde is onbeperkt.

Vergeleken met Tao (Hun Dun Eenheidsveld), is het leven van Hemel en Aarde beperkt. Tao Eenheid is onbeperkt. Tao is voorbij onsterfelijkheid. Tao heeft geen begin en geen einde.

Waarom hebben mensen, Aarde, Hemel, en Tao verschillende levensduur? Dat komt omdat ze verschillende jing qi shen hebben. In de Tao wetenschap kunnen informatie, energie en materie ontelbare lagen van zuiverheid, frequentie en vibratie hebben. Tao informatie, energie en materie bevatten de hoogst mogelijke zuiverheid, de meest complete verbinding en de ultieme absolute orde. Tao heeft volledige negatieve entropie. Hemel en Aarde bevinden zich in andere lagen, met minder zuiverheid, verbinding en orde. De mens bevindt zich in weer andere lagen, met nog minder zuiverheid, verbinding en orde.

De grote eenwording is het Tao Eenheidsveld. De grote eenwordingsformule, S + E + M = 1, is het bereiken van het Tao Eenheidsveld. Hemel, Aarde, mensen, alles en iedereen heeft nog niet S + E + M = 1 bereikt. De theorie en de beoefening van de grote eenwordingsformule is de formule toepassen om het Tao Eenheidsveld te bereiken. Vanwege vele onzuiverheden kan het lang duren om het Tao Eenheidsveld te bereiken.

We kunnen niet genoeg benadrukken dat het Tao Eenheidsveld de zuiverste jing qi shen bevat. Het Tao Eenheidsveld bevat de zuiverste materie, energie en informatie. Het Tao Eenheidsveld bevat volledige negatieve entropie. Om wie of wat dan ook volledig te transformeren, met inbegrip van ontelbare planeten, sterren, sterrenstelsels, universa en mensen, betekent daarom het bereiken van het Tao Eenheidsveld. In één zin gezegd:

De grote eenwordingsformule, S + E + M = 1,
is de schat van de Tao Bron Eenheid en de schat van de
Tao wetenschap om alles en iedereen te transformeren.

Hoe gebruiken we de grote eenwordingsformule voor transformatie? We zullen het je nu laten zien.

Pas de Grote Eenheidsformule toe voor healing

Pas de Vier Krachttechnieken en de grote eenwordingsformule, S + E + M = 1, toe voor healing:

Lichaamskracht. Plaats één hand op je Ming Men acupunctuurpunt (op je rug op hoogte van je navel). Leg je andere hand op welk deel van het lichaam dan ook dat healing nodig heeft.

Zielenkracht. Zeg *hallo* tegen innerlijke zielen:

Lieve ziel geest lichaam van mijn Ming Men acupunctuurpunt,
   mijn Tao Eenheidspunt,
Ik hou van je.

Jij hebt de kracht om mij te helen.
Doe je best.
Ik ben zeer dankbaar.

Zeg *hallo* tegen zielen buiten je:

De sleutel tot het oproepen van de ziel buiten je van S + E + M = 1 is beoefening van vergeving. Beoefening van vergeving transformeert negatieve informatie. Deze negatieve informatie is shen qi jing blokkades. Het transformeren van deze negatieve informatie is het zelf zuiveren van negatief karma, hartblokkades, geestblokkades, energieblokkades en materieblokkades.

Lees hier hoe je de speciale grote eenwordingsformumule van de Tao wetenschap, S + E + M = 1, kunt gebruiken om negatieve informatie te transformeren, inclusief zelf-zuivering van negatief karma:

> *Lieve grote eenwordingsformule van de Tao wetenschap S + E +*
> *M = 1,*
> *Ik hou van je.*
> *Jij hebt de kracht om mijn voorouders en mij te vergeven voor onze*
> *fouten, die de negatieve informatie is die wij in alle levens*
> *hebben gecreëerd.*
> *Vergeef ons alsjeblieft en transformeer onze negatieve shen qi jing,*
> *die negatieve informatie, energie en materie is, naar positieve*
> *shen qi jing, en transformeer ook onze entropie naar negatieve*
> *entropie.*
> *Ik ben zeer dankbaar.*

Klankkracht. Chant bij herhaling, in stilte of hardop:

> *S + E + M = 1*
> *S + E + M = 1*
> *S + E + M = 1*
> *S + E + M = 1 ...*

Chant gedurende ten minste tien minuten per oefening. Je kunt meerdere keren per dag oefenen. Voor chronische en levensbedreigende aandoeningen, chant dan totaal twee uur of meer per dag. Er is geen tijdslimiet. Hoe langer je oefent, hoe beter de resultaten die je kunt bereiken. Duizenden mensen hebben ontroerende en hartverwarmende healingresultaten bereikt door te oefenen met S + E + M = 1.

Geestkracht. Terwijl je *S + E + M = 1* chant, visualiseer je dat er gouden licht schijnt in het gebied van je verzoek om healing.

Verjonging, lang leven en onsterfelijkheid

Miljoenen mensen wereldwijd en miljarden mensen in de geschiedenis hebben verjonging en een lang leven nagestreefd en gekoesterd. Als je nog verder gaat dan een lang leven, is onsterfelijkheid bereiken ook een droom van velen geweest.

Denk aan Tao Normale Creatie:

Tao creëert Eén.
Eén creëert twee.
Twee creëert drie.
Drie creëert wan wu.

Waar is een mens? De mens bevindt zich op het niveau wan wu. Waarom verouderen mensen en worden ze ziek, waardoor een lang leven moeilijk wordt en onsterfelijkheid onmogelijk? Op het wan wu niveau zijn we ver verwijderd van Hemel en Aarde. We zijn nog veel verder verwijderd van Tao. We dragen te veel negatieve informatie, energie en materie in onze ziel, hart, geest en lichaam. Wij missen de zuiverheid en positieve informatie, energie en materie die onze shen qi jing zou zuiveren en verheffen tot de kwaliteit van de shen qi jing van Moeder Aarde, de shen qi jing van de Hemel en de shen qi jing van Tao. Daarom kunnen we geen lang leven leiden met een goede gezondheid en jeugdige kracht en blijft onsterfelijkheid een onbereikbare droom.

Twee is yin en yang, Aarde en Hemel. In de oude wijsheid zijn Hemel en Aarde onze ouders. We hebben fysieke ouders. We hebben
ook spirituele ouders. Je vader en moeder hadden geslachtsgemeen-
schap en je vaders sperma en moeders eitje kwamen samen en vorm-
den een zygote. Negen maanden later werd je geboren. Je hebt
misschien nog niet gehoord dat Hemel en Aarde ook interactie hebben. Ze hebben duizenden jaren geleden, zelfs aeonen geleden interactie gehad om een ziel te creëren. Deze ziel is je ziel die je lichaam
binnenkomt op het moment dat je voor het eerst ademhaalt, nadat je
uit je moeders baarmoeder bent gekomen. De hemel is onze vader.
De aarde is onze moeder. Zonder hemel en aarde zouden er geen
mensen zijn.

Lao Zi zei: "Ren Fa Di. Di Fa Tian. Tian Fa Tao. Tao Fa Zi Ran." Ren
betekent *mens*. Fa betekent *volgen* of *transformeren*. Di betekent *Moeder
Aarde*. Tian betekent *Hemel*. Tao is de Bron. Zi Ran betekent de *natuurlijke wereld*. Deze vier zinnen bevatten een wijsheid die ons begrip te boven gaat.

Ren Fa Di betekent dat de mens *de natuurwetten van Moeder Aarde*
moet *volgen*. Bijvoorbeeld, als het regent, hebben we een paraplu nodig. In de winter moeten we winterkleren dragen. Er schuilt verborgen wijsheid in deze speciale zin.

Zoals we hebben gedeeld bestaat alles en iedereen uit jing qi shen.
Een mens heeft menselijke jing qi shen. Moeder Aarde heeft Aarde
jing qi shen. Menselijke jing qi shen is heel anders dan Aarde jing qi
shen. Vanuit het perspectief van de Tao wetenschap kunnen informatie, energie en materie verdeeld worden in positief en negatief. De
positieve informatie, energie en materie van Hemel en Aarde zijn
veel groter dan die van een mens. Daarom is de leeftijd van een mens
zeer beperkt. De Hemel en Moeder Aarde hebben veel langer ge-
leefd.

Ren Fa Di heeft een diepgaande speciale verborgen wijsheid. Het gaat over Tao Terugkerende Creatie. De eerste stap in Tao Terugkerende Creatie is het transformeren van de jing qi shen van een mens naar de jing qi shen van Moeder Aarde. In de Tao wetenschap betekent het om informatie, energie en materie te transformeren en te zuiveren van het niveau van de mens naar het niveau van Moeder Aarde. Het is ook het transformeren van entropie naar negatieve entropie van het niveau van de mens naar het niveau van Moeder Aarde. Dit is een wetenschappelijke verklaring van het proces van verjonging, lang leven en onsterfelijkheid.

Ren Fa Di, Di Fa Tian is het proces van verjonging en een lang leven. Di Fa Tian betekent dat *Moeder Aarde de regels van de Hemel moet volgen*. In de Tao wetenschap is Di Fa Tian het zuiveren en transformeren van de jing qi shen van Moeder Aarde naar de jing qi shen van de Hemel. Met andere woorden, het is het transformeren van informatie, energie, en materie van het niveau van Moeder Aarde naar het niveau van de Hemel.

Tian Fa Tao is het proces om onsterfelijkheid te bereiken. Tian Fa Tao betekent dat *de Hemel de regels van Tao moet volgen*. Tao is de ultieme Bron en Schepper. Tao is de universele principes en wetten die de Hemel, Moeder Aarde, de mens en alle zielen moeten volgen. Tao is de leegte die alle energie en materie omvat. Het is de zuiverste jing qi shen, dat is volledige positieve informatie, energie en materie. Het heeft de hoogste negatieve entropie. Tao heeft geen begin en geen einde.

Tian Fa Tao is het transformeren van de jing qi shen van de Hemel naar de jing qi shen van de Tao Bron. In de Tao wetenschap leggen we uit dat dit is om de informatie, energie en materie van de Hemel te zuiveren en te transformeren naar die van Tao Bron.

Tao bereiken is onsterfelijkheid bereiken. Omdat de mens de onsterfelijken niet kan zien of kennen, geloven slechts weinigen werkelijk in de mogelijkheid van onsterfelijkheid. De onsterfelijken zijn grote maar nederige dienaren. Zij zullen en hoeven hun identiteit niet aan anderen bekend te maken. Zij dienen in stille anonimiteit.

De Tao wetenschap legt uit waarom onsterfelijkheid mogelijk is en vertelt ons wat er voor nodig is om het te bereiken. Zoals je je kunt voorstellen, is het niet gemakkelijk om onsterfelijkheid te bereiken. Het vereist een zuivering van onze jing qi shen die alle verbeelding te boven gaat. Er zijn lagen en lagen van zuivering. Binnen elk van de stappen—Ren Fa Di, Di Fa Tian, Tian Fa Tao—om Tao te bereiken, zijn er ontelbare lagen van zuivering.

Lao Zi deelde vele diepzinnige geheimen. Na Tian Fa Tao, onthulde hij nog een speciale zin: Tao Fa Zi Ran. Tao is de Bron. Fa betekent *methode, weg* of *wet*. Zi Ran betekent *natuur*. In oude wijsheid wordt Tao ook "natuur" genoemd. Tao Fa Zi Ran kan vertaald worden als: volg de *weg van de natuur*. Om Tao te bereiken, moet men Tao volgen. Tao volgen is de weg van de natuur volgen. Shun Tao Chang, Ni Tao Wang. *Volg Tao, bloei. Ga tegen Tao in, eindig.*

Lao Zi wordt wereldwijd erkend en gerespecteerd als wijsgeer. Zijn filosofie en zijn grootste werk, *Dao De Jing,* worden erkend in grote universiteiten wereldwijd. Eeuwenlang hebben filosofen, wetenschappers, politici, economen en meer, *Dao De Jing* bestudeerd. Lao Zi's woorden in *Dao De Jing* mogen dan eenvoudig en kort zijn, maar ze zijn niet gemakkelijk te begrijpen. Miljoenen lezers van de *Dao De Jing* in de geschiedenis hebben geen duidelijk of diep begrip van wat Lao Zi probeerde uit te leggen.

De Tao wetenschap kan helpen de wijsheid van Lao Zi uit te leggen. Ren (*mens*) leeft in de derde dimensie. Di (*Moeder Aarde*) bevindt zich momenteel in de derde dimensie. Moeder Aarde zou naar de vierde dimensie kunnen gaan. Via spirituele communicatie zijn we te weten gekomen dat Moeder Aarde haar frequentie zal verhogen naar de vierde dimensie rond het jaar 2150.

Waarom hebben vele miljoenen mensen in de geschiedenis moeite gehad om Ren Fa Di, Di Fa Tian, Tian Fa Tao, Tao Fa Zi Ran te begrijpen? Een van de redenen is dat Ren, Di, Tian, en Tao zich in totaal verschillende dimensies bevinden. Ren, Di en Tian hebben ruimte en tijd. Tao heeft geen ruimte en geen tijd. De Hemel heeft ontelbare dimensies. De Hemel heeft ontelbare lagen. Tao is voorbij de Hemel. Het is de ultieme Schepper. Tao omvat oneindig veel dimensies. In de Tao wetenschap is Ren Fa Di, Di Fa Tian, Tian Fa Tao, het proces om informatie, energie en materie steeds verder te zuiveren en te transformeren. Tao Fa Zi Ran is de onsterfelijke staat.

Met Ren Fa Di, Di Fa Tian, Tian Fa Tao, Tao Fa Zi Ran, gaf Lao Zi ons de vier stappen om onsterfelijkheid te bereiken. Dit pad is het pad van Tao Terugkerende Creatie. (Zie afbeelding 4 op pagina 124.) Wan Wu Gui San, San Gui Er, Er Gui Yi, Yi Gui Tao is dezelfde weg naar onsterfelijkheid, maar met andere woorden.

Speciale oefening voor verjonging, lang leven en onsterfelijkheid

Theorie en praktijk zijn twee. Ze zijn een yin-yang paar. In de geschiedenis hebben miljarden mensen *Dao De Jing* bestudeerd. De meesten van hen geloven dat Ren Fa Di, Di Fa Tian, Tian Fa Tao, Tao Fa Zi Ran theoretische uitspraken zijn. In de Tao wetenschap gebruiken we deze speciale zinnen als oefeningen. Theorie en praktijk zijn één. Nu geven we de speciale oefening van deze vier zinnen vrij om jou en de mensheid te bekrachtigen voor verjonging, lang leven, en onsterfelijkheid.

In één zin gezegd: Tao Normale Creatie is Tao *creëert alles en iedereen;* Tao Terugkerende Creatie is *alles en iedereen keert terug naar Tao.* Zie afbeelding 5.

Oefen nu met ons voor je reis van verjonging, lang leven en onsterfelijkheid.

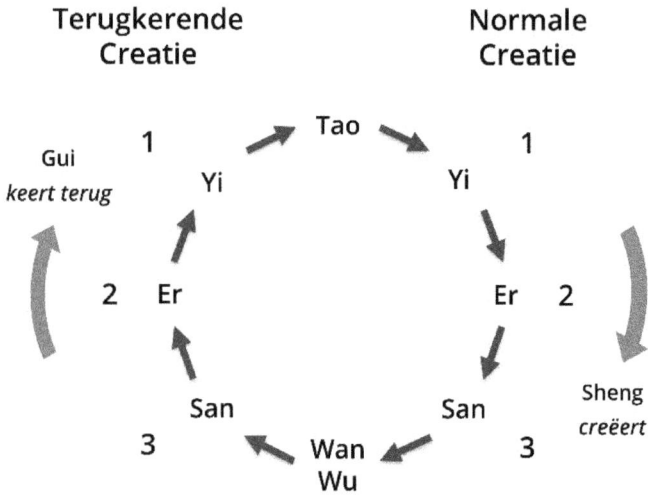

Afbeelding 5. Tao Normale Creatie en Tao Terugkerende Creatie

Pas de Vier Krachttechnieken toe.

Lichaamskracht. Pak je linkerduim vast met je rechterhand. Het topje van je linkerduim zou de plooi in je rechterhand onder je rechterringvinger moeten raken. Dit geheim van Lichaamskracht wordt de Yin-Yang handpositie genoemd. Zie afbeelding 6.

Zielenkracht. Zeg *hallo* tegen je innerlijke zielen:

> *Lieve mijn shen qi jing van elk systeem, elk orgaan, elk weefsel, elke*
> *cel, elk DNA en elk RNA in mijn lichaam, van top tot teen,*
> *huid tot bot,*
> *Ik hou van je, eer je, en waardeer je.*
> *Jij hebt de kracht om te helen, te transformeren, te verjongen, het*
> *leven te verlengen en naar onsterfelijkheid toe te werken.*
> *Doe je best!*
> *Dank je.*

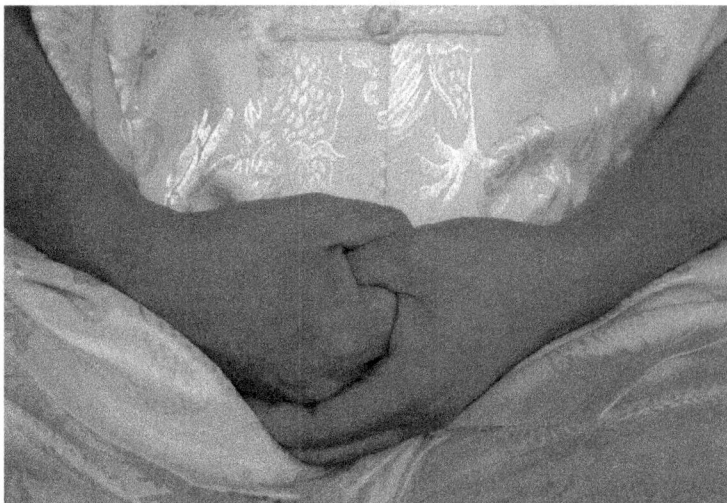

Afbeelding 6. Geheim van Lichaamskracht van de Yin-Yang handpositie

Zeg *hallo* tegen zielen buiten je:

Lieve Tao, de Divine, Hemel, Aarde,
Vergeef alsjeblieft mijn voorouders en mij voor alle fouten die we in
alle levens hebben gemaakt.
Deze fouten omvatten doden, schade toebrengen, stelen, misbruik
maken van anderen en meer.
Deze fouten zijn de negatieve informatie, energie, en materie die
mijn voorouders en ik in ons dragen.
Zij zijn de entropie.
Zij zijn de oorzaak van ziekte en veroudering.
We vragen oprecht om vergeving.
We weten in ons hart en in onze ziel dat alleen om vergeving
vragen niet genoeg is.
We moeten onvoorwaardelijk dienen.
Dienen is anderen gelukkiger en gezonder maken.
De Tao wetenschap legt uit dat dienen letterlijk het vermeerderen
van positieve informatie, energie en materie is.
Het is ook om entropie om te zetten in negatieve entropie.

Dit is hoe we jonger kunnen worden.
Dit is hoe we ons leven kunnen verlengen.
Dit is de mogelijkheid voor ons om onsterfelijkheid te bereiken.

Klankkracht. Chant bij herhaling, in stilte of hardop:

Tao Sheng Yi, Yi Sheng Er, Er Sheng San, San Sheng Wan Wu
  (uitgesproken als *dauw shung ie, ie shung ar, ar shung sahn,*
  sahn shung wahn woe)
Wan Wu Gui San, San Gui Er, Er Gui Yi, Yi Gui Tao
  (uitgesproken als *wahn woe gweey sahn, sahn gweey ar, ar*
  gweey ie, ie gweey dauw)
Tao Sheng Yi, Yi Sheng Er, Er Sheng San, San Sheng Wan Wu
Wan Wu Gui San, San Gui Er, Er Gui Yi, Yi Gui Tao
Tao Sheng Yi, Yi Sheng Er, Er Sheng San, San Sheng Wan Wu
Wan Wu Gui San, San Gui Er, Er Gui Yi, Yi Gui Tao
Tao Sheng Yi, Yi Sheng Er, Er Sheng San, San Sheng Wan Wu
Wan Wu Gui San, San Gui Er, Er Gui Yi, Yi Gui Tao ...

Een andere mantra om te chanten voor verjonging, een lang leven en onsterfelijkheid is *Shen Qi Jing He Yi* (uitgesproken als *shun tchie dzjing huh ie)*. He betekent *samenvoegen als*. Yi betekent *één*. Shen Qi Jing He Yi is Chinees voor S + E + M = 1.

Chant nu:

Shen Qi Jing He Yi, S + E + M = 1
Shen Qi Jing He Yi, S + E + M = 1
Shen Qi Jing He Yi, S + E + M = 1
Shen Qi Jing He Yi, S + E + M = 1 ...

We stellen voor dat je deze twee manieren van chanten in je oefening afwisselt. Chant de ene dag Tao Normale Creatie en Tao Terugkerende Creatie, en chant de volgende dag *Shen Qi Jing He Yi, S + E + M = 1*. We zullen een andere krachtige oefening met Shen Qi Jing He Yi introduceren in hoofdstuk negen.

Chant tien minuten of langer elke keer dat je oefent. Chant voor verjonging en een lang leven minstens een uur per dag. Serieuze zoekers
naar een lang leven en onsterfelijkheid zouden minstens drie uur per
dag moeten chanten. Tel al je dagelijkse oefentijd bij elkaar op om het
doel te bereiken. Er is geen beperking. Hoe langer je chant, hoe beter
de resultaten zijn die je zou kunnen bereiken.

Het chanten van Tao Normale Creatie en Tao Terugkerende Creatie
is je verbinden met Ren Di Tian Tao. Ren Di Tian Tao bestaan allemaal uit jing qi shen. Ren Di Tian Tao zijn allemaal verschillende velden.

Het chanten van deze speciale zinnen is het zuiveren en transformeren van onze negatieve informatie, energie en materie naar positieve
informatie, energie en materie. Het is ook om entropie te transformeren naar negatieve entropie, van top tot teen, huid tot bot. Chant zoveel als je kunt.

Divine en Tao
Spirituele Overdrachten

IN JULI 2003 leidde ik (Master Sha) een workshop Studie van de Ziel, in de buurt van Toronto. De Divine kwam, zoals ik duidelijk kon zien met mijn Derde Oog. Ik legde mijn studenten uit dat de Divine verschenen was en vroeg hun even te wachten, terwijl ik honderdacht keer voor de Divine boog en wachtte op de boodschap van de Divine.

Toen ik zes was, leerde ik buigen voor mijn tai chi meester. Toen ik tien was, boog ik voor mijn qi gong meester. Op mijn twaalfde, boog ik voor mijn kung fu meester. Als Chinees leerde ik het belang van deze beleefdheid gedurende mijn hele jeugd.

Ik was vereerd toen ik de Divine tegen me hoorde zeggen: "Zhi Gang, ik ben vandaag gekomen om jou te kiezen als mijn directe dienaar, voertuig en kanaal."

Ik was diep ontroerd en ik antwoordde de Divine: "Ik ben vereerd. Wat betekent het om uw directe dienaar, voertuig en kanaal te zijn?"

De Divine legde uit: "Wanneer je anderen healing en zegening geeft, roep mij dan. Ik zal onmiddellijk komen om hun mijn healing en zegening te geven."

Ik was nog dieper ontroerd en kon alleen maar zeggen: "Heel veel dank dat u mij hebt uitgekozen als uw directe dienaar."

De Divine vervolgde: "Ik kan mijn healing en zegening geven door mijn permanente schatten voor healing en zegening over te dragen."

Ik vroeg verbaasd: "Hoe doe u dat?"

De Divine antwoordde: "Kies een student en ik zal je een demonstratie geven."

Ik vroeg om een vrijwilliger met ernstige gezondheidsproblemen. Een man die Walter heette, stak zijn hand op. Hij stond op en legde uit dat hij net was gediagnosticeerd met leverkanker, met een kwaadaardige tumor van twee bij drie centimeter in zijn lever.

Toen vroeg ik de Divine, "Zegent u Walter alstublieft. Laat me alstublieft zien hoe u uw permanente schatten overdraagt." Onmiddellijk zag ik de Divine een lichtstraal sturen vanuit het hart van de Divine naar Walters lever. De straal schoot zijn lever in, waar hij veranderde in een gouden lichtbal die onmiddellijk begon te draaien. Walters hele lever straalde met prachtig goud licht.

De Divine vroeg me toen, "Begrijp je wat software is?"

Ik was verbaasd over deze vraag, maar antwoordde: "Ik heb niet veel verstand van computers. Ik weet alleen dat software een computerprogramma is. Ik heb gehoord van boekhoudsoftware, kantoorsoftware en grafische ontwerpsoftware."

"Ja," zei de Divine. "Software is een programma. Omdat je me dat vroeg, heb ik mijn Zielensoftware voor de Lever naar Walter verzonden en gedownload. Het is een van mijn permanente schatten voor healing en zegening. Jij vroeg het me. Ik deed het werk. Dit is wat het voor jou betekent om mijn uitgekozen directe dienaar en kanaal te zijn."

Ik stond versteld. Opgetogen, geïnspireerd en nederig zei ik tegen de Divine: "Ik ben zo vereerd dat ik uw directe dienaar mag zijn. Hoe gezegend ben ik om uitgekozen te zijn." Bijna sprakeloos vroeg ik de Divine: "Waarom hebt u mij uitgekozen?"

"Ik heb jou uitgekozen," zei de Divine, "omdat jij de mensheid al meer dan duizend levens hebt gediend. Je bent in al je levens zeer toegewijd geweest om mijn missie te dienen. Ik kies je in dit leven uit om mijn directe dienaar te zijn. Je zult ontelbare permanente schatten voor healing en zegening van mij aan de mensheid en alle zielen overdragen. Dit is de eer die ik je nu geef."

Ik was tot tranen toe geroerd. Ik boog onmiddellijk weer honderd-acht keer voor de Divine en legde een stille gelofte af:

Lieve Divine,

Ik kan niet genoeg voor u buigen voor de eer die u mij hebt gegeven. Geen woorden kunnen mijn grootste dankbaarheid uitdrukken. Hoe ge-zegend ben ik om uw directe dienaar te zijn om uw permanente schatten voor healing en zegening te downloaden naar de mensheid en alle zielen. De mensheid en alle zielen zullen uw enorme zegeningen ontvangen via mijn service als uw directe dienaar. Ik geef mijn hele leven aan u en aan de mensheid. Ik zal uw taak volbrengen. Ik zal een zuivere dienaar zijn voor de mensheid en alle zielen.

Ik boog opnieuw en vroeg de Divine toen: "Hoe moet Walter zijn zielensoftware gebruiken?"

"Walter moet tijd besteden om met mijn zielensoftware te oefenen," zei de Divine. "Zeg hem dat het simpelweg ontvangen van mijn zie-lensoftware niet betekent dat hij zal herstellen. Hij moet elke dag oe-fenen met zijn schat om zijn gezondheid te herstellen, stap voor stap."

Ik vroeg: "Hoe moet hij oefenen?"

De Divine gaf me deze leiding: "Vertel Walter om bij herhaling te chanten: *Divine Lever Zielensoftware heelt me. Divine Lever Zielensoftware heelt me. Divine Lever Zielensoftware heelt me. Divine Lever Zielensoftware heelt me.*"

Ik vroeg: "Hoe lang moet Walter chanten?"

De Divine antwoordde: "Ten minste twee uur per dag. Hoe langer hij oefent, hoe beter. Als Walter dit doet, kan hij binnen drie tot zes maanden herstellen."

Ik deelde deze informatie met Walter, die opgetogen en diep ontroerd was. Walter zei, "Ik zal elke dag twee uur of meer oefenen."

Tenslotte vroeg ik de Divine: "Hoe werkt de Zielensoftware?"

De Divine antwoordde: "Mijn Zielensoftware is een gouden healing bal die ronddraait en shen qi jing blokkades opruimt uit Walters lever."

Ik boog weer honderdacht keer voor de Divine. Toen stond ik op en bood elke student in de workshop drie zielensoftware-overdrachten aan als geschenk. Bij het zien hiervan glimlachte de Divine en vertrok.

Walter begon onmiddellijk minstens twee uur per dag te oefenen, zoals hem was opgedragen. Twee en een halve maand later toonden een CT-scan en een MRI aan dat zijn leverkanker volledig verdwenen was. Eind 2006 ontmoette ik Walter weer bij een signeersessie in Toronto voor mijn boek *Soul Mind Body Medicine*.[8] In mei 2008 woonde Walter een van mijn events bij in de Unity Church of Truth in Toronto. Bij beide gelegenheden vertelde Walter me dat er nog steeds geen teken van kanker in zijn lever was. Al vijf jaar lang had

---

[8] *Soul Mind Body Medicine: A Complete Soul Healing System for Optimum Health and Vitality.* (Vert.: *Een compleet Soul Healing Systeem voor optimale gezondheid en vitaliteit.*) Novato: New World Library, 2006.

de Divine Zielensoftware die naar zijn lever was gedownload, zijn lever vrij van kanker gehouden. Hij was de Divine zeer dankbaar.

Dit is hoe ik begon met het aanbieden van divine overdrachten. Er zijn talloze divine overdrachten, waaronder Divine Shen Qi Jing lichtballen voor lichaamssystemen, organen en cellen. Er zijn ook vele divine overdrachten voor het transformeren van gezondheid, relaties en financiën, voor het verhogen van intelligentie en het openen van spirituele kanalen en voor het brengen van verlichting. Zo heb ik bijvoorbeeld divine zielenlicht acupunctuurnaalden, divine zielenlicht kruiden en nog veel meer overgedragen.

Divine Hart Shen Qi Jing He Yi Jin Dan

In dit hoofdstuk introduceren we baanbrekende divine schatten om de mensheid te dienen. Deze schatten worden Divine Shen Qi Jing He Yi Jin Dan genoemd. He betekent *samenvoegen als*. Yi betekent *één*. Jin betekent *gouden*. Dan betekent *lichtbal*. Divine Shen Qi Jing He Yi Jin Dan is een divine gouden lichtbal van ziel, hart, geest, energie en materie samengevoegd als één. Het kan ook worden uitgelegd als een divine gouden lichtbal van divine informatie, divine energie, en divine materie samengevoegd als één. De Divine is een schepper. De Divine kan deze gouden lichtbal creëren voor elk lichaaamssysteem, orgaan, cel, cel-eenheid, DNA, RNA, deel van het lichaam en meer. Bijvoorbeeld, de Divine kan een Divine Ademhalingssysteem Shen Qi Jing He Yi Jin Dan, een Divine Pancreas Shen Qi Jing He Yi Jin Dan, een Divine Borsten Shen Qi Jing He Yi Jin Dan of een Divine Hersencellen Shen Qi Jing He Yi Jin Dan creëren en downloaden.

Nu zal de Divine jou, beste lezer, als geschenk een van deze onbetaalbare, blijvende divine schatten overdragen, genaamd:

Divine Hart Shen Qi Jing He Yi Jin Dan

Wij kregen de bevoegdheid en de eer om een Divine Hart Shen Qi Jing He Yi Jin Dan aan te bieden aan iedere lezer. Wij verbonden ons met de Divine terwijl wij dit boek schreven. Wij vroegen de Divine — en de Divine stemde toe — om deze overdracht in deze alinea vóór te programmeren. Zolang je deze alinea leest en bereid bent om deze divine gouden lichtbal te ontvangen, zul je hem zo meteen ontvangen. Je hebt een vrije wil. Als je dit geschenk niet wenst te ontvangen, zeg dan gewoon tegen de Divine dat je er niet klaar voor bent. Je zult deze schat dan niet ontvangen. Niemand wordt gedwongen om deze schat te ontvangen. We kunnen je echter verzekeren dat er geen negatieve effecten zijn van het ontvangen van deze schat. Het is een karmavrije schat, gecreëerd op het moment zelf in het hart van de Divine. Het bevat alleen positieve shen qi jing.

Als je bereid bent te ontvangen, ontspan je dan en ga rechtop zitten met de grootste dankbaarheid en eer in je hart. Spreek in stilte vanuit je hart de volgende woorden uit naar de Divine:

Lieve Divine,

Ik ben zeer vereerd om dit geschenk van uw permanente schat te ontvangen, Divine Hart Shen Qi Jing He Yi Jin Dan, wat een divine gouden lichtbal is van divine hartinformatie, energie en materie samengevoegd als één. Dit betekent dat u uw hartinformatie, energie en materie verzamelt om een gouden lichtbal te vormen die naar mijn hart wordt overgedragen. De positieve informatie, energie en materie van het Divine hart kan de negatieve informatie, energie en materie van mijn hart transformeren. Als ik met deze schat oefen, kan ik healing ontvangen voor alle hartkwesties. Ik zou ziekte in mijn hart kunnen voorkomen. Ik zou zelfs het leven van mijn hart kunnen verjongen en verlengen. Ik ben zeer dankbaar.

Bereid je voor! Sluit je ogen en wees een minuut stil.

Divine Hart Shen Qi Jing He Yi Jin Dan

Transmissie!

Gefeliciteerd! Je hebt deze permanente schat ontvangen, die altijd bij je hart en bij jou zal blijven. Gebruik hem goed. De mogelijke voordelen die je kunt ontvangen zijn groot.

Oefening om te helen, ziekte te voorkomen, te verjongen, en het leven van je hart te verlengen

Hoe gebruik je je Divine Hart Shen Qi Jing He Yi Jin Dan?

Pas de Vier Krachttechnieken toe:

Lichaamskracht. Leg je ene hand op je onderbuik, onder je navel. Leg je andere hand op je hart.

Zielenkracht. Zeg *hallo* tegen innerlijke zielen:

Lieve shen qi jing van mijn hart en mijn hartcellen,
Ik hou van je, eer je, en waardeer je.
Jij hebt de kracht om jezelf te helen en te verjongen.
Doe je best!
Dank je.

Lieve mijn Divine Hart Shen Qi Jing He Yi Jin Dan,
Ik hou van je, eer je, en waardeer je.
Jij hebt de kracht om te helen, ziekte te voorkomen, te verjongen en
het leven van mijn hart te verlengen.
Zegen alsjeblieft mijn hart.
Dank je.

Geestkracht. Visualiseer een divine gouden lichtbal die roteert, vibreert en straalt in je hart en al je hartcellen.

Klankkracht. Chant bij herhaling, in stilte of hardop:

Divine Hart Shen Qi Jing He Yi Jin Dan, heel, voorkom ziekte,
verjong en verleng het leven van mijn hart.

Divine Hart Shen Qi Jing He Yi Jin Dan, heel, voorkom ziekte,
verjong en verleng het leven van mijn hart.
Divine Hart Shen Qi Jing He Yi Jin Dan, heel, voorkom ziekte,
verjong en verleng het leven van mijn hart.
Divine Hart Shen Qi Jing He Yi Jin Dan, heel, voorkom ziekte,
verjong en verleng het leven van mijn hart …

Chant ten minste tien minuten per keer. Je kunt deze oefening aanpassen om positieve informatie te brengen in elk aspect van je leven. Voor chronische en levensbedreigende aandoeningen of voor grote uitdagingen in relaties, financiën, of welk aspect van het leven dan ook, chant dan twee uur of meer per dag. Tel al je oefentijd bij elkaar op om tot twee uur of meer te komen.

Hoe langer je oefent en chant, hoe meer transformatie je kunt bereiken. De Divine Hart Shen Qi Jing He Yi Jin Dan draagt divine positieve informatie, energie en materie, die negatieve entropie is. Het kost tijd om de negatieve informatie, energie, en materie van ernstige uitdagingen voor gezondheid, relatie, financiën en andere aspecten in het leven te transformeren. Negatieve informatie is negatief karma. Zoals bij Walter en zijn leverkanker, kunnen Divine schatten geleidelijk negatief karma verwijderen, dat is entropie transformeren naar negatieve entropie. Met Divine en Tao schatten hebben we duizenden hartverwarmende en ontroerende resultaten gecreëerd sinds 2003. Zie de meer dan duizend opgenomen verhalen op mijn YouTube-kanaal.

Het belang van Divine en Tao overdrachten

Ik ben in 2003 begonnen met het aanbieden van Divine overdrachten aan de mensheid. In 2008 kreeg ik de eer en bevoegdheid van Tao om overdrachten met Tao frequentie aan de mensheid aan te bieden. Deze overdrachten bieden de mensheid baanbrekende healing, zegening en transformatie.

Alles en iedereen bestaat uit shen qi jing. Ieders shen qi jing bevindt zich in verschillende lagen van positiviteit en negatieve entropie. Als mens kunnen we onze shen qi jing moeilijk vergelijken met de shen qi jing van de Divine en Tao.

Zoals we gedeeld hebben, veroorzaakt de negatieve informatie, energie en materie—de entropie—in onze menselijke shen qi jing disharmonie en afgescheidenheid, intern en extern. Dit is de reden waarom we verouderen, ziek worden, fysieke, emotionele, mentale en spirituele pijn en onbalans hebben, moeilijke relaties hebben en overvloed, bloei en echt geluk en vreugde missen in onze financiën, intelligentie, carrière, wijsheid en elk aspect van ons leven.

Divine en Tao downloads en overdrachten brengen Divine en Tao shen qi jing naar jou toe. Divine en Tao zijn scheppers. Zij kunnen Divine en Tao shen qi jing creëren voor organen (zoals je hierboven is aangeboden voor je hart), lichaamssystemen, weefsels en andere delen van het lichaam, inclusief cellen, cel-eenheden, DNA, RNA, kleinste materie en ruimtes. Zij kunnen Divine en Tao shen qi jing creëren voor relaties, financiën, intelligentie en spirituele communicatiekanalen. Zij kunnen Divine en Tao shen qi jing creëren voor een huisdier, een huis en een bedrijf. Zij kunnen Divine en Tao shen qi jing creëren voor dierbaren die overgegaan zijn. Zij kunnen alles creëren wat wij ons kunnen voorstellen. Zij kunnen alles creëren wat wij ons niet kunnen voorstellen.

Divine en Tao shen qi jing downloads en overdrachten kunnen alle soorten negatieve informatie, energie en materie transformeren naar positieve informatie, energie en materie.

De Divine Hart Shen Qi Jing He Yi Jin Dan omvat drie lichtwezens: Divine Hart Shen Jin Dan, Divine Hart Qi Jin Dan en Divine Hart Jing Jin Dan. Deze drie gouden lichtballen voegen samen tot één gouden lichtbal wanneer ze worden overgedragen aan de ontvanger.

Sinds juli 2003 heb ik honderdduizenden Divine en Tao downloads en transmissies van systemen, organen, lichaamsdelen en meer overgedragen. Deze Divine en Tao schatten hebben honderdduizenden wonderen van soul healing gecreëerd.

Oefenen met je Divine en Tao overdrachten is van vitaal belang om de grootste voordelen te ontvangen. Doe de oefeningen in dit hoofdstuk en in volgende hoofdstukken zoveel als je kunt.

Oefen, oefen, oefen.

Om duizenden soul healing video's te bekijken, nodig ik je uit om mijn YouTube kanaal te bezoeken, www.YouTube.com/zhigangsha. Je zou ook veel voordeel kunnen halen uit het lezen van mijn boek *Divine Soul Mind Body Healing and Transmission System: The Divine Way to Heal You, Humanity, Mother Earth, and All Universes.*[9] (Vert.: *De divine manier om jou, de mensheid, Moeder Aarde en alle universa te helen.*) In dit boek heb ik alle soorten shen qi jing blokkades tot in detail uitgelegd. Ik heb uitgelegd dat zielenblokkades allerlei soorten negatief karma zijn. Geestblokkades omvatten negatieve gedachtepatronen, negatieve overtuigingen, negatieve houdingen, ego, gehechtheden en meer. Lichaamsblokkades zijn energieblokkades (qi) en materieblokkades (jing).

Ik heb bijna honderdvijftig Divine en Tao dienaren gecreëerd. Degenen die daarvoor benoemd zijn, kunnen Divine en/of Tao Shen Qi Jing He Yi schatten aanbieden. Tao Shen Qi Jing He Yi schatten zullen ook in de toekomst worden gegeven voor het transformeren van gezondheid, relaties, financiën, bedrijf, intelligentie, succes, spirituele kanalen, werk, verlichting, ziektepreventie, verjonging, een lang leven en meer.

---

[9] New York/Toronto: Atria Books/Heaven's Library Publication Corp., 2009.

Dank u, Divine en Tao Bron, dat u mij de bevoegdheid en het voor-recht hebt gegeven om Divine en Tao dienaren op te leiden om waar-devolle Divine en Tao Bron overdrachten aan te bieden aan de mensheid, de dieren en veel meer. We zijn buitengewoon gezegend en dankbaar.

Tao Kalligrafie

K ALLIGRAFIE IS IN vele landen en culturen een gerespecteerde kunst. In China is het al eeuwen lang een van de meest gerespecteerde en vereerde artistieke media. Geschreven Chinees is deels pictografisch, deels ideografisch en meer. Het is niet opgebouwd uit een alfabet. Chinese Kalligrafie brengt elegantie, stroming, energie, schoonheid, kracht en meer aan de karakters en zinnen.

Yi Bi Zi

Tao Kalligrafie is een speciale, unieke vorm van Chinese Kalligrafie die ik (Master Sha) heb gecreëerd. De kalligrafiestijl die aan Tao Kalligrafie ten grondslag ligt, heet Yi Bi Zi (一笔字). Yi betekent *één*. Bi betekent (penseel) *streek*. Zi betekent *woord* of *karakter*. Yi Bi Zi is *éénstreek schrift*.

Engelse woorden zijn opgebouwd uit een alfabet van zesentwintig letters. Chinese karakters zijn traditioneel opgebouwd uit zestien soorten afzonderlijke tekens. Deze zestien soorten tekens omvatten heng, een horizontale lijn; shu, een verticale lijn; pie, een linksdraaiende lijn; na, een rechtsdraaiende lijn; dian, een punt; gou, een horizontale haak; zhe, een rechtsdraaiende lijn en meer. Zie afbeelding 7 op de volgende bladzijde.

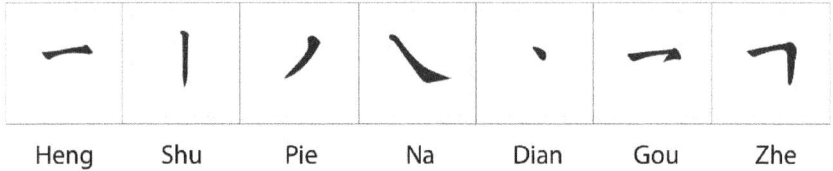

一	｜	ノ	㇏	ヽ	㇀	フ
Heng	Shu	Pie	Na	Dian	Gou	Zhe

Afbeelding 7. Voorbeelden van tekens in Chinese karakters

Een Chinees karakter bestaat uit een of meer van dergelijke tekens. Het enige karakter dat met één enkel teken wordt geschreven is "yi" (一, *één*). Sommige karakters worden geschreven met meer dan dertig afzonderlijke tekens. In Yi Bi Zi wordt elk karakter met één enkele penseelstreek geschreven, waarbij het penseel steeds in contact blijft met het papier. Neem bijvoorbeeld het karakter 靈 ("ling", dat *ziel* betekent). Zoals je kunt zien, is dit karakter nogal ingewikkeld.

Afbeelding 8: Ling (*ziel*) in Yi Bi Zi

Om het te schrijven zijn normaal gesproken vierentwintig afzonder-lijke tekens nodig. Afbeelding 8 toont "ling" geschreven in Yi Bi Zi.

Zie en voel de vrije, vloeiende stroom, de ronding, het evenwicht, de yin-yang afwisseling in de dichtheid, één energiestroom, en meer van deze bijzondere kalligrafische stijl. Yi Bi Zi is Eenheidsschrift, waarin elk karakter en soms hele zinnen van meerdere karakters, als eenheid aan elkaar wordt geschreven.

Wat is Tao Kalligrafie?

Tao Kalligrafie brengt Yi Bi Zi naar een speciaal en uniek niveau.

Herinner je Lao Zi's diepgaande wijsheid van Tao Normale Creatie en de nieuwe Tao wetenschappelijke wijsheid van Tao Terugkerende Creatie. Tao Normale Creatie is van Tao naar wan wu (alle dingen) gaan. Tao Bron Eenheid creëert ontelbare planeten, sterren, sterren-stelsels, universa en mensen. Tao Terugkerende Creatie omvat alles en iedereen terugbrengen naar Tao Bron Eenheid.

In oude wijsheid is er een diepgaande speciale uitspraak, Yi Zi Yi Tai Ji. Yi betekent *één*. Zi betekent *woord*. Yi betekent weer *één*. Tai Ji is een cirkel; deze cirkel is ook *één*. In één zin gezegd:

Yi Ji Shi Yuan, Yuan Yang Zhen Qi

Yi is *één*. Ji Shi betekent *is*. Yuan betekent *cirkel*. Yang betekent *positief*. Zhen betekent *Tao*, de Bron. Qi betekent *energie*. Dit betekent:

**Eén is een cirkel en de cirkel vertegenwoordigt
Tao Bron positieve energie.**

Twee dingen maken Tao Kalligrafie uniek en zeer speciaal. Tao Kal-ligrafie is het hoogste Eenheidsschrift want:

1. Het is Tao Yuan (cirkel) kalligrafie. Tao Kalligrafie is een speciale vorm van Yi Bi Zi die meer kromlijnig en minder

hoekig is dan gebruikelijk. Wanneer we Tao Kalligrafie schrijven, maken we letterlijk vele draaiingen — cirkels met de klok mee en tegen de klok in — met het penseel. De cirkel van Tao Normale Creatie en Tao Terugkerende Creatie vertelt ons dat Tao de Bron is van alles en iedereen, en dat Tao alles en iedereen vasthoudt om alles en iedereen terug te brengen naar Tao. Daarom is de cirkel Eén. De cirkel is Tao. Dit alleen al geeft Tao Kalligrafie de energie van Tao Eenheid.

2. Wanneer ik een Tao kalligrafie schrijf, breng ik letterlijk Tao Bron shen qi jing (informatie, energie, materie) over naar de kalligrafie. Simpelweg in de aanwezigheid zijn van een Tao kalligrafie, is je bevinden in een Tao Bron Eenheidsveld (Tao Chang 道场-chang betekent *veld*). Wanneer je je verbindt met een Tao kalligrafie door eenvoudige specifieke oefeningen te doen die je in dit hoofdstuk zult leren en ervaren, kunnen de voordelen die je kunt ontvangen van de positieve shen qi jing van de kalligrafie indrukwekkend, fenomenaal zijn en je voorstellingsvermogen te boven gaan.

In de Tao wetenschap is alles en iedereen een trillingsveld dat bestaat uit informatie, energie en materie. Alle soorten uitdagingen, zoals ziekte, relatieproblemen, geldgebrek, gebrek aan helderheid van denken en intelligentie en blokkades in elk aspect van het leven, zijn allemaal te wijten aan een veld dat negatieve informatie, energie en materie bevat, hetgeen entropie is. Tao informatie, energie en materie heeft de hoogste negatieve entropie, wat de meest positieve en zuiverste informatie, energie en materie is. Een Tao kalligrafie is een Tao Chang (*Tao veld*) met Tao informatie, energie, en materie. De kracht ervan om negatieve informatie, energie en materie om te zetten in positieve informatie, energie en materie, kent zijn gelijke niet op Moeder Aarde. Om deze Tao Chang voor ons beschikbaar te hebben op Moeder Aarde is een zegening die woorden, begrip en verbeelding te boven gaat.

Ontvang positieve informatie, energie en materie van een Tao Kalligrafie Tao Chang om al het leven te transformeren

Ik heb speciaal voor dit boek een Tao kalligrafie gemaakt. Zie afbeelding 9 op pagina 166. Deze Tao kalligrafie is een van de meest betekenisvolle en krachtige boodschappen van de Tao wetenschap:

Shen Qi Jing He Yi

Shen betekent *informatie,* die ziel (inhoud van informatie), hart (ontvanger van informatie), en geest (verwerker van informatie) omvat. Qi betekent *energie.* Jing betekent *materie.* He betekent *samenvoegen als.* Yi betekent *één.*

Shen Qi Jing He Yi betekent:

Informatie, energie en materie worden één.

Je kunt deze Tao kalligrafie gebruiken om al het leven te transformeren. Hieronder lees hoe je het moet doen.

Gebruik de Vijf Krachttechnieken:

Lichaamskracht. Zit rechtop met je voeten plat op de vloer en je rug vrij van de rugleuning van je stoel. Je kunt ook gaan staan met je voeten op schouderbreedte uit elkaar.

Zielenkracht. Zeg *hallo* tegen je innerlijke zielen:

> *Lieve al mijn shen qi jing,*
> *Ik hou van je, eer je en waardeer je.*
> *Jij hebt de kracht om elk aspect van mijn leven te helen, te*
>   *transformeren en te verlichten.*
> *Doe je best!*
> *Dank je.*

Zeg *hallo* tegen zielen buiten je:

Lieve Tao kalligrafie **Shen Qi Jing He Yi,**
Ik hou van je, eer je en waardeer je.
Jij hebt de kracht om elk aspect van mijn leven te helen, te
   transformeren en te verlichten.
Zegen mij alsjeblieft. (Noem elke zegening die je wenst voor je
   gezondheid, relaties, financiën, intelligentie, succes,
   verlichting en meer.)
Dank je vanuit mijn hart en ziel.

Lieve Tao Bron,
Lieve Divine,
Lieve ontelbare planeten, sterren, sterrenstelsels en universa,
Ik hou van jullie, eer jullie en waardeer jullie.
Jullie hebben de kracht om elk aspect van mijn leven te helen, te
   transformeren en te verlichten.
Zegen mij alsjeblieft. (Herhaal je verzoek om zegening.)
Dank je vanuit mijn hart en ziel.

Klankkracht. Chant in stilte of hardop:

Shen Qi Jing He Yi (uitgesproken als *shun tchie dzjing huh yie*)
Shen Qi Jing He Yi
Shen Qi Jing He Yi
Shen Qi Jing He Yi

Informatie, energie en materie worden één.
Informatie, energie en materie worden één.
Informatie, energie en materie worden één.
Informatie, energie en materie worden één.

Shen Qi Jing He Yi
Shen Qi Jing He Yi
Shen Qi Jing He Yi
Shen Qi Jing He Yi

Informatie, energie en materie worden één.
Informatie, energie en materie worden één.

Informatie, energie en materie worden één.
Informatie, energie, en materie worden één. …

Chant minstens tien minuten per keer. Voor ernstige, chronische of zelfs levensbedreigende gezondheidsproblemen of uitdagingen in elk ander aspect van het leven, inclusief relaties en financiën, chant dan twee uur of meer per dag. Hoe meer je chant, hoe meer de positieve informatie, energie en materie van de Tao Kalligrafie Tao Chang jouw negatieve informatie, energie en materie zal transformeren. Hoe meer je chant, hoe meer jouw entropie zal worden getransformeerd in negatieve entropie.

Geestkracht. Visualiseer gouden licht dat schijnt in het gebied van je verzoek. Visualiseer bijvoorbeeld voor lichamelijke gezondheid het gebied of deel van het lichaam waarvoor je de zegening hebt gevraagd. Visualiseer voor een relatie jezelf en de andere persoon. Voor financiën, visualiseer een gouden geldboom in je hartchakra. Wij benadrukken de volgende speciale oude spirituele wijsheid en kracht van Tao Bron: *Gouden licht schijnt, alle ziekte en alle uitdagingen in het leven transformeren.*

Volgkracht. Wanneer je een Tao kalligrafie volgt, verbind je je op een krachtige manier met de shen qi jing ervan. We hebben ons al verbonden met de Tao kalligrafie *Shen Qi Jing He Yi* (afbeelding 9) door *"hallo* te zeggen" als onderdeel van de Zielenkrachttechniek hierboven. Met Volgkracht zul je echter een veel grotere en snellere voeding en transformatie ontvangen van de positieve informatie, energie en materie binnen de kalligrafie. Het toevoegen van Volgkracht zal de voordelen vermenigvuldigen en versnellen met een factor vijftig of meer! Besteed veel aandacht aan Volgkracht.

Bereid je voor. Breng de vingertoppen van één hand bij elkaar. Zie afbeelding 10. Je volgt de kalligrafie met je vingertoppen.

Volg de Tao kalligrafie *Shen Qi Jing He Yi* door het pad van het éénstreek schrift te volgen. Zie afbeelding 11 op pagina 167.

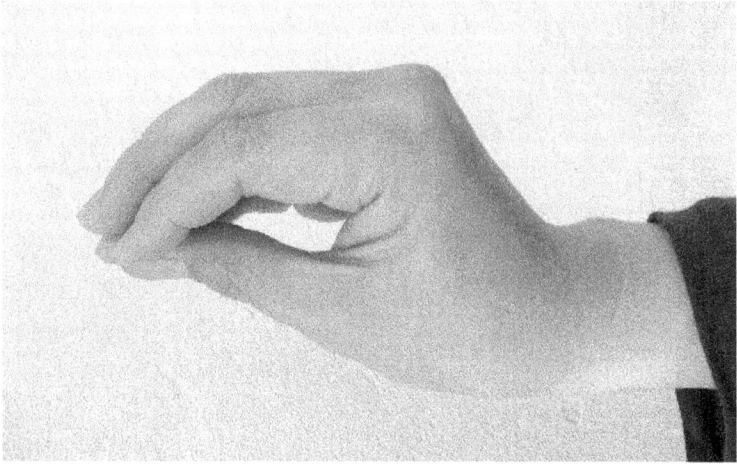

Afbeelding 10. Vijf Vingers Handpositie Volgkracht

Volg en chant minstens tien minuten lang. Er is geen tijdslimiet. Hoe langer je oefent en hoe vaker je oefent, hoe beter de resultaten die je zou kunnen hebben.

De Vijf Krachttechnieken zijn zeer krachtig. Lichaamskracht, Klankkracht en Geestkracht worden al sinds mensenheugenis toegepast. Het toepassen van één techniek is krachtig. Alleen Zielenkracht was bekend en werd in het geheim gebruikt door spirituele meesters en genezers van hoog niveau. Tao Kalligrafie Volgkracht is pas mogelijk sinds ik Tao Kalligrafie begon vrij te geven in mijn boek *Soul Healing Miracles*[10] in 2013. Zielenkracht en Tao Kalligrafie Volgkracht toevoegen en de Vijf Krachttechnieken samen toepassen is meer dan buitengewoon krachtig.

---

[10] *Soul Healing Miracles: Ancient and New Sacred Wisdom, Knowledge, and Practical Techniques for Healing the Spiritual, Mental, Emotional, and Physical Bodies.*
Dallas/New York: BenBella Books/Heaven's Library Publication Corp., 2013. (Vert.: *Oude en nieuwe heilige wijsheid, kennis en praktische technieken voor het helen van het spirituele, mentale, emotionele en fysieke lichaam*, Waterside Productions/Heaven's Library Publication Corp., 2019.)

Vanaf juli 2017 heb ik honderden Tao Kalligrafie Practitioners en twintig Tao Kalligrafie Leraren wereldwijd opgeleid om de positieve informatie, energie en materie van Tao Kalligrafie te verspreiden.

Bovenal heb ik acht speciale Tao Kalligrafie Tao Changs gecreëerd in mijn Tao Centers over de hele wereld. Deze bevinden zich in Antwerpen (België), Toronto (Canada), Amersfoort (Nederland), San Francisco (VS), Sydney (Australië), Vancouver (Canada), Honolulu (VS) en Londen (Engeland). Elk van deze acht Tao Kalligrafie Tao Changs heeft veertig tot vijfenzestig speciale Tao Yuan (Cirkel) Tao kalligrafieën om de hoogste en meest krachtige Tao Bronvelden op Moeder Aarde te creëren. Deze Tao Kalligrafie Tao Changs bevatten Tao oneindige positieve informatie, energie en materie. Zij bevatten ook de hoogste en zuiverste negatieve entropie. Deze Tao Changs kunnen alle negatieve informatie, energie en materie transformeren, evenals entropie in negatieve entropie transformeren. Zij verlenen baanbrekende dienst aan de mensheid via de principes van de Tao wetenschap.

Wij eren de moderne geneeskunde. Ik ben zelf westers arts uit China. Er zijn echter vele ziekten waarvoor de moderne geneeskunde en andere geneeswijzen geen oplossing hebben. De wijsheid van de Tao wetenschap kan dit fenomeen verklaren. Simpelweg hebben de moderne wetenschap en de moderne geneeskunde zich niet genoeg gerealiseerd wat de betekenis is van de ziel, die informatie is. Informatie is verdeeld in positieve en negatieve informatie. Negatieve informatie is de kernoorzaak van alle ziekte en alle uitdagingen—in relaties, bedrijf, succes, intelligentie, verlichting en elk aspect van het leven.

De moderne geneeskunde gelooft niet in karma, wat een aangelegenheid van de ziel is. De moderne wetenschap bestudeert informatie, maar legt geen verband tussen informatie en karma. In de Tao wetenschap leggen we wetenschappelijk uit dat karma informatie is en dat informatie karma is.

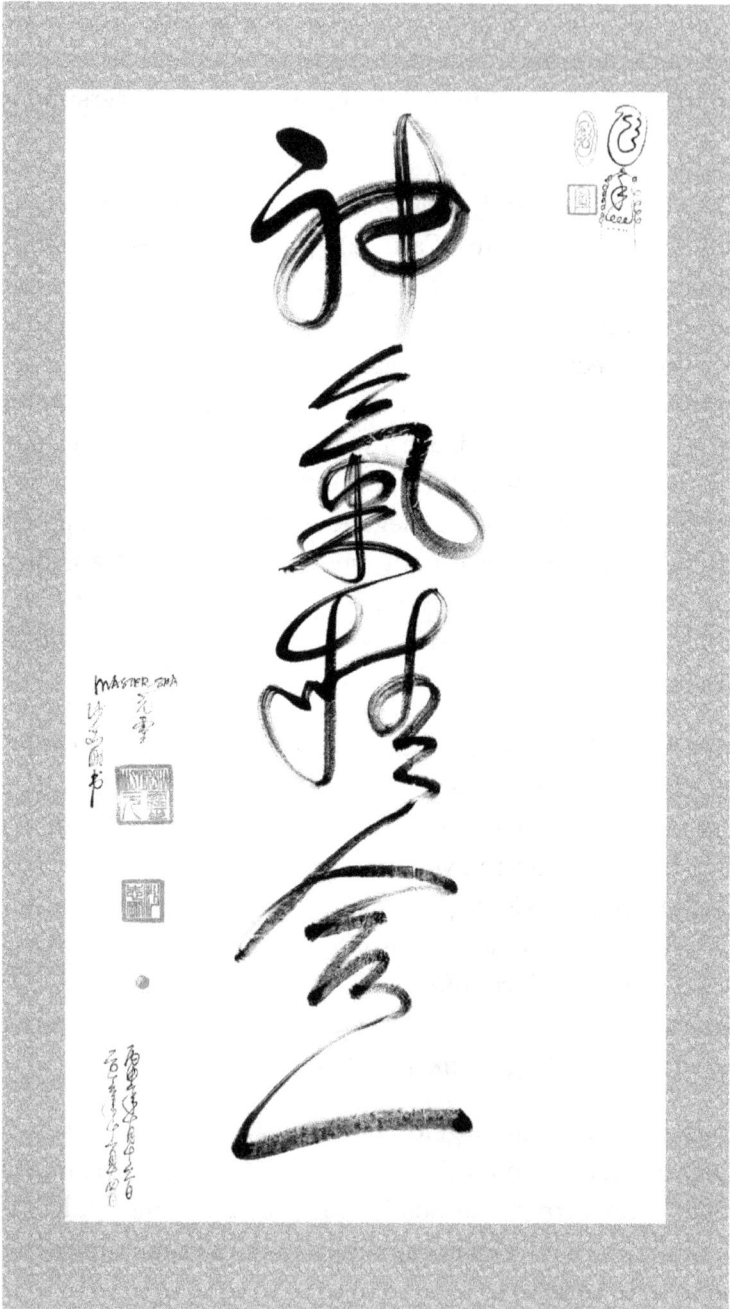

Afbeelding 9: Tao Kalligrafie *Shen Qi Jing He Yi*

Afbeelding 11: Volgpad van *Shen Qi Jing He Yi*

Als we ons realiseren dat negatieve informatie, energie, materie de hoofdoorzaak is van alle ziekte, van uitdagingen in relaties en financiën en van allerlei blokkades voor succes in elk aspect van het leven, zullen we ons richten op het verwijderen van negatieve informatie, energie en materie. Met andere woorden, het transformeren van al het leven is het transformeren van entropie in negatieve entropie.

We benadrukken nogmaals: Tao Kalligrafie is Tao Bron Eenheidsschrift. Een Tao kalligrafie is een Tao veld op zichzelf. Wanneer je een Tao kalligrafie volgt, zal de positieve informatie, energie en materie (of met andere woorden, de negatieve entropie) in de kalligrafie naar je lichaam en naar je leven komen om je negatieve informatie, energie, materie en entropie te transformeren.

Je kunt ook leren om Tao kalligrafie te schrijven. Mijn Tao Kalligrafieleraren bieden wereldwijd cursussen aan. We heten je welkom om dit Tao Eenheidsschrift te leren, hetgeen elk aspect van je leven ten goede zal komen.

Slechts in een paar jaar tijd heeft Tao Kalligrafie duizenden verbazingwekkende resultaten voor healing en levenstransformatie voortgebracht. Het zal nog veel meer dienen. Het brengt de Tao Bron positieve informatie, energie, materie en negatieve entropie naar elk aspect van het leven. Besef in je hart en ziel deze diepgaande wijsheid en beoefening.

Wet van Karma

KARMA BEHOORT TOT fundamenteel onderricht in vele spirituele geloofssystemen. Miljoenen mensen geloven in karma.
Miljoenen mensen geloven niet in karma. Wij voelen dat dit het juiste
moment is om karma op een wetenschappelijke manier uit te leggen.
We zijn verheugd dat de Tao wetenschap karma op een wetenschappelijke manier kan uitleggen. De Wet van Karma is een natuurwet.

Heb je je ooit afgevraagd waarom je leven in sommige opzichten soe-
pel verloopt, maar in andere opzichten uitdagingen kent? Heb je je
afgevraagd waarom je bepaalde patronen herhaalt die je lijken te volgen in je leven, waar je ook gaat en wat je ook doet?

Weet je waarom sommige mensen steeds weer dezelfde fouten maken, hoeveel advies ze ook krijgen om hun gedrag te veranderen en
zelfs wanneer ze weten dat ze zouden moeten veranderen?

Weet je waarom je sommige mensen die je ontmoet onmiddellijk
mag, terwijl anderen je irriteren als je ze ontmoet, alleen al door hun
uiterlijk of de klank van hun stem?

Al deze acties en reacties zijn het gevolg van karma. Wat is karma?
Karma is de verslaglegging van de diensten die wij en onze voorouders hebben aangeboden in dit leven en alle vorige levens. Ons
karma heeft grote macht over ons. Ons karma kan ons laten denken,
voelen, horen, spreken, schrijven, ruiken, proeven, eten, reageren,

gedragen, beslissingen nemen en het leven op bepaalde manieren ervaren. Ons karma kan ons letterlijk beheersen, verblinden, doof maken, binden, opsluiten en tot slaaf maken van bepaalde negatieve karmische patronen.

Wat is de kernoorzaak van onze gezondheids- en relatieproblemen, emotionele en mentale problemen, financiële uitdagingen en vele andere moeilijkheden in ons leven? Wat is de kernoorzaak van natuurrampen, menselijke rampen, geweld, drama's, energie- en financiële crises, vervuiling van aarde, lucht, water en voedsel, opwarming van de aarde en vele andere uitdagingen in onze samenleving en wereld? De kernoorzaak is negatief karma. Negatief karma omvat de kwetsende, schadelijke, egoïstische daden, gedragingen, woorden en zelfs gedachten die wij en onze voorouders in al onze levens hebben gecreëerd. De complete verslaglegging van onze vroegere daden, gedragingen, woorden en gedachten is opgeslagen in ons trillingsveld. Deze Akasha kroniek—ons karma—bepaalt elk belangrijk aspect van ons leven. Om onszelf, onze samenleving en de wereld te helen, moeten we ons negatieve karma opruimen.

De Wet van Karma, die we in dit hoofdstuk presenteren, is al duizenden jaren bekend in vele spirituele tradities, culturen en disciplines. Het is de basis van veel spiritueel onderricht. De wijsheid van de Wet van Karma heeft geholpen veel lijden voor de mensheid te verlichten. Op dit historisch gezien kritieke moment is het voor ons van cruciaal belang om de Wet van Karma zowel op wetenschappelijke als op spirituele wijze te begrijpen. Het is dringend noodzakelijk voor ieder van ons en de gehele mensheid om ons negatieve karma op te ruimen.

Een wetenschappelijk begrip van de Wet van Karma wordt nu aan de mensheid geopenbaard. Voor de allereerste keer worden de diepe wijsheid, kennis, technieken en kracht over hoe je negatief karma kunt zuiveren aan de mensheid geopenbaard. Deze wijsheid, kennis, technieken en kracht worden ons nu gegeven omdat ze dringend nodig zijn om de mensheid en Moeder Aarde door deze moeilijke overgangsperiode heen te helpen. Zij zijn nodig om letterlijk de mensheid en Moeder Aarde te redden. Bovendien bekrachtigt deze wijsheid ieder van ons met hogere vermogens om te creëren en te manifesteren. Met deze wijsheid kan ieder van ons en de gehele mensheid opgetild worden naar een hoger niveau van bestaan met een diepere betekenis voor ons leven, met meer liefde, vreugde, overvloed, schoonheid, gezondheid en wijsheid. We kunnen een wereld van liefde, vrede en harmonie creëren.

Wat is Karma?

Karma is de verslaglegging van onze diensten en die van onze voorouders in alle levens, nu en in het verleden. Karma wordt ook wel deugd of daad genoemd. Karma kan worden opgesplitst in goed (positief) karma en slecht (negatief) karma. Goed of positief karma is de verslaglegging van goede diensten, waaronder liefde, vergevingsgezindheid, compassie, licht, vrijgevigheid, vriendelijkheid, zuiverheid, integriteit en meer. Slecht of negatief karma is de verslaglegging van onplezierige diensten, waaronder doden, schaden, misbruik maken van anderen, stelen, enzovoort. Negatief karma is een spirituele schuld. Wanneer je iets of iemand pijn doet of schaadt, sta je spiritueel in de schuld bij dat wezen. Je staat bij dat wezen in het krijt en zult die schuld moeten terugbetalen of op een andere manier moeten wegwerken.

Positief karma wordt gemeten aan de hand van deugd. Deugd is spiritueel geld. Deugd kan gemeten worden door een spiritueel wezen van hoog niveau. Gevorderde spirituele wezens met een krachtig Derde Oog kunnen zien dat goede deugd gegeven wordt in de vorm van prachtige stippen en bloemen van verschillende grootte uit de deugdbank van de Hemel. Deze stippen en bloemen kunnen rood zijn, goudkleurig, regenboogkleurig, paars, kristallijn en meer. Tien kleine stippen vormen een grote stip. Tien grote stippen vormen een kleine bloem. Tien kleine bloemen vormen een grote bloem. Daarom vertegenwoordigt een bloem meer deugd dan een stip. Een grote bloem vertegenwoordigt meer deugd dan een kleine bloem. Het is als met verschillende benamingen van fysiek geld op Moeder Aarde: er zijn bijvoorbeeld munten van tien en vijfentwintig cent en papiergeld van één, vijf, tien en twintig dollar. Wanneer je de mensheid en anderen een goede dienst bewijst, krijg je stippen van deugd. Groepen van stippen zullen bloemen vormen. Als je grote goede diensten bewijst, kunnen er direct bloemen van verschillende grootte aan jou gegeven worden. Deze deugd, uitgedrukt in stippen en bloemen, zal tegelijkertijd naar je boek in de Akasha Kronieken en naar je ziel komen. Wanneer deze deugd komt, wordt de spirituele schuld geleidelijk aan in je Akasha-boek afbetaald.

Op Moeder Aarde kun je geld lenen van een bank om een huis te kopen. Je hebt dan een fysieke schuld aan de bank. Je moet die schuld stukje bij beetje afbetalen, maand na maand, volgens het contract dat je met de bank hebt. Het is gebruikelijk dat de geldlener verplicht is deze schuld geleidelijk af te betalen in twintig, dertig of veertig jaar.

Negatief karma is je spirituele schuld. Deze spirituele schuld is vastgelegd in jouw boek in de Akasha Kronieken en op je ziel. Je kunt fouten hebben gemaakt in je vorige levens en in dit leven. Wanneer je doodt, steelt, bedriegt, misbruik maakt van anderen, hen kwetst of op welke manier dan ook schade toebrengt, creëer je een spirituele schuld. Spiritueel gezien ben je dat verschuldigd aan de zielen die je hebt geschaad. Net zoals je je hypotheek aan de bank moet afbetalen, moet je je spirituele schuld afbetalen.

Hoe betaal je deze spirituele schuld? Wanneer je negatief karma hebt, krijg je lessen om te leren. Deze lessen kunnen ziekte, ongelukken, verbroken relaties, financiële uitdagingen, mentale stoornissen, emotionele onbalans en allerlei soorten blokkades in het leven omvatten. Wanneer je geconfronteerd wordt met een uitdaging in je leven, wanneer je familie een uitdaging heeft, wanneer je ernstig ziek bent, of wanneer je je ongelukkig, gestrest, boos, angstig, depressief of angstige spanning voelt, denk je misschien niet aan karma. Wij willen graag ons inzicht delen dat belangrijke uitdagingen in je fysieke, emotionele, mentale en spirituele lichaam bijna altijd te wijten zijn aan karmische kwesties. Het afbetalen van je spirituele schuld is het krijgen van lessen die je mag leren.

Het eenzinsgeheim over karma is:

Karma is de kernoorzaak van succes en falen in elk aspect van het leven.

Omdat negatief karma de kernoorzaak is van blokkades en uitdagingen in het leven, moeten we ons negatieve karma, dat onze spirituele schuld is van al onze levens, opruimen (of reinigen, wat een ander woord is voor hetzelfde) om ons leven te transformeren.

De mensen op Moeder Aarde lijden zo erg. Alleen al wat betreft het fysieke lichaam zijn er duizenden ziektes. De meeste mensen op Moeder Aarde hebben zich niet gerealiseerd dat ernstige, chronische en levensbedreigende gezondheidsaandoeningen het gevolg zijn van negatief karma. Nog minder mensen begrijpen dat alle belangrijke blokkades in hun leven te wijten zijn aan negatief karma.

Om ons fysieke, emotionele, mentale en spirituele lichaam te helen, moeten we leren hoe we ons negatieve karma zelf kunnen zuiveren. Om ons karma te zuiveren, moeten we eerst begrijpen welke soorten negatief karma de mens heeft.

Persoonlijk Karma

Het is mogelijk dat je als mens al honderden of zelfs duizenden levens hebt gehad. Iedereen maakt fouten. In sommige levens kun je grote fouten hebben gemaakt. In één leven kun je bijvoorbeeld de leider van een land of een belangrijke generaal zijn geweest. Je kunt vergeten zijn om liefde, zorg en compassie te geven. Je kunt anderen kwaad hebben gedaan, een oorlog hebben veroorzaakt of zelfs direct betrokken zijn geweest bij het doden van anderen. Het zou kunnen zijn dat je een zeer rijk en invloedrijk persoon bent geweest die misbruik heeft gemaakt van anderen.

De hemel registreert deze daden en gedragingen. De schade die je anderen hebt toegebracht creëert je spirituele schuld. Deze schade zal in een bepaalde vorm naar je terugkeren in je huidige leven en je toekomstige levens. Dit zijn de lessen die je moet leren.

Laten we een voorbeeld geven. In Japan had ik (Master Sha) een consult met een vrouw die me vertelde dat ze erg van streek was omdat haar man zes vriendinnen had. Ik vroeg haar: "Gelooft u in karma?" Ze antwoordde: "Ja, ik geloof in karma." Toen vroeg ik: "Wilt u weten wat uw karmische kwesties zijn in verband met deze situatie met uw man?" Ze antwoordde: "Ja, graag."

Ik vroeg de vrouw haar ogen te sluiten. Ik verbond mij met de Akasha Kronieken en vroeg de hemel mij de relaties uit vorige levens tussen haar man en haar te tonen. Na ongeveer twintig seconden, kreeg ik een antwoord. Ik vroeg haar haar ogen te openen en zei: "Uw probleem met uw man is te wijten aan uzelf." Ze was verbaasd en zei: "Echt waar? Komt het door mij?" Ik legde uit: "Ja. Ik heb een spirituele reading gedaan met de Akasha Kronieken. De hemel liet me zien dat u in een vorig leven ook getrouwd was met uw man. U was de echtgenoot en uw huidige echtgenoot was uw vrouw. In dat leven, had u meer dan twaalf vriendinnen. De hemel toonde ze mij één voor één in mijn Derde Oog."

Mijn cliënt was verbijsterd, maar ze begreep het. Ze vroeg me wat ze moest doen.

Ik zei tegen haar: "Vergeef uw man. Geef hem liefde. Liefde laat alle blokkades smelten en transformeert al het leven."

Dit voorbeeld is om je te vertellen dat als je aanzienlijke relatieproblemen hebt, er bijna zeker een spirituele reden achter zit. Als iemand je kwetst, kan het zijn dat jullie in je vorige levens samen
negatief relatiekarma hebben gecreëerd. Je kunt de ander gekwetst
hebben. De pijn die je nu ontvangt is je spirituele les om je spirituele
schuld te betalen.

We concentreren ons vaak op gezondheid als we spreken of denken
over healing. In feite is healing nodig in elk aspect van ons leven.
Misschien heb je relatieuitdagingen, emotionele uitdagingen, werk-
of schooluitdagingen, financiële uitdagingen en nog veel meer. Al dit
lijden heeft healing nodig. Om alle soorten uitdagingen effectief te
helen, is het van vitaal belang diep te begrijpen dat alle grote uitdagingen in je leven te wijten kunnen zijn aan negatief karma. Karma
is de kernoorzaak van succes en falen in elk aspect van het leven.

Voorouderlijk Karma

Iedereen heeft twee ouders. Iedereen heeft vier grootouders. Iedereen heeft acht overgrootouders. Onze voorouderlijke stamboom gaat
honderden en duizenden generaties terug in de tijd. We hebben een
enorm aantal voorouders in dit leven. Daarnaast kun je als mens honderden of duizenden vorige levens hebben gehad. Tijdens al deze levens had je waarschijnlijk veel verschillende vaders en moeders. Je
gecombineerde voorouderlijke stamboom van al je levens kan miljoenen en miljoenen voorouders omvatten. Er is een bekend oud gezegde:

Qian Ren Zai Shu, Hou Ren Cheng Liang

Dit kan vertaald worden als: *Voorouders planten de boom, nakomelingen
genieten van de schaduw.*

Dit gezegde maakt deel uit van de wijsheid van de Wet van Karma.
Het zegt dat voorouderlijk karma bestaat en dat we het allemaal in
ons meedragen. Karma, positief en negatief, wordt doorgegeven van

de ene generatie op de volgende. Zo ontvang je enerzijds goed voorouderlijk karma met de zegeningen die daarmee gepaard gaan van de goede diensten die je voorouders bewezen hebben. Aan de andere kant ontvang je wat negatief voorouderlijk karma en de lessen die dat met zich meebrengt van de kwetsende en schadelijke diensten die je voorouders hebben verleend. Het is als het erven van fysieke eigenschappen van je ouders en grootouders. De Wet van Karma zegt dat we ook spirituele kenmerken erven van onze voorouders.

Omdat alles en iedereen bestaat uit shen qi jing, is er een veelheid aan soorten karma, waaronder bijvoorbeeld relatie-karma, financieel karma, emotioneel karma, mentaal karma, spreek-karma, spirituele communicatie-karma, spirituele vermogens-karma, schrijf-karma, wetenschaps- en onderzoekskarma en nog veel meer. In één zin gezegd: elk aspect van het leven heeft te maken met karma. Karma-wijsheid is van vitaal belang om het leven te begrijpen en te transformeren.

Dr. Rulin Xiu's reis om karma wetenschappelijk te begrijpen

"Geloof je in karma? Steek je hand op als je in karma gelooft."

Op de gedenkwaardige dag 9 september 2009, ontmoette ik (Rulin Xiu) Dr. en Master Sha voor de eerste keer, toen ik zijn eendaagse workshop bijwoonde in mijn buurt in Hawaii. Hij stelde deze belangrijke vraag aan alle honderd aanwezigen in de workshop.

Ik stak mijn hand op als antwoord. Tegelijkertijd begon ik, als een in Berkeley opgeleid theoretisch fysicus, diep in mijn hart en geest na te denken over de vraag hoe karma vanuit het perspectief van de fundamentele natuurkunde kon worden begrepen.

Kunnen we de Wet van Karma, deze belangrijke spirituele wet, afleiden uit de theorieën van de natuurkunde? Kunnen we de Wet van Karma wiskundig beschrijven? Met andere woorden, is de Wet van Karma ook een natuurkundige wet?

Master Sha is zeer gepassioneerd om de mensheid over karma te onderwijzen. Toen we dit boek aan het schrijven waren, kwam er een boodschap bij me op: Master Sha is op dit kritieke moment naar Moeder Aarde gekomen om de mensheid te onderwijzen over karma. Meer nog, hij is hier om de mensheid te helpen negatief karma te verwijderen. Ik kreeg een spiritueel beeld te zien van Noach op zijn ark terwijl het grootste deel van de mensheid weggevaagd was door grote overstromingen en andere rampen. Ik realiseerde me plotseling dat het voor ieder van ons en de mensheid van cruciaal belang is om te weten wat karma is en om ons negatieve karma op dit historische moment te zuiveren. Anders zou ons negatieve karma enorme schade kunnen toebrengen aan de mensheid en Moeder Aarde—en aan onszelf.

Wanneer ik met mensen over karma spreek, hebben de meeste mensen een negatief gevoel omdat ze de gevolgen en de lessen van fouten uit het verleden kunnen zien als een straf die ze moeten ondergaan. Maar naarmate ik de Wet van Karma wetenschappelijk ben gaan begrijpen, heb ik me gerealiseerd dat de Wet van Karma de meest krachtige fysieke en spirituele wet is. Deze vertelt ons dat wij de schepper zijn van onze eigen realiteit. Het laat ons zien hoe we alles maar dan ook alles kunnen manifesteren wat we ooit zouden willen. Het onthult ons dat de onbeperkte vrijheid en wonderbaarlijke vermogens die we kunnen bereiken ons voorstellingsvermogen te boven gaan. De Wet van Karma bevat de sleutel om de mensheid te bevrijden van lijden. Het is de poort naar het optillen van iedereen en de hele mensheid naar een hoger niveau van bestaan.

Er is nooit iemand of iets om de schuld aan te geven. Het is niet nodig om angstig of gestrest te zijn. Alles ligt in onze eigen handen, op dit moment, hier. We hebben de controle over alles in onze eigen realiteit. We kunnen alles manifesteren wat we ooit zouden willen.

Om een krachtige schepper te worden en de ultieme controle over je werkelijkheid te hebben, is het nodig dat je de Wet van Karma leert.

De Wet van Karma wiskundig beschreven

Velen beschouwen Newtons Derde Bewegingswet als de wetenschappelijke uitdrukking van de Wet van Karma. Sir Isaac Newton (1642-1726) was de grondlegger van de klassieke natuurkunde. Iedereen heeft wel eens het verhaal gehoord over zijn ontdekking van de zwaartekracht toen een appel van de boom boven op zijn hoofd viel. Newton formuleerde de drie fundamentele bewegingswetten en legde daarmee de basis voor de klassieke mechanica. Newtons Derde Bewegingswet stelt:

Voor elke actie is er een
gelijke en tegengestelde reactie.

De derde wet van Newton zegt ons dat wat we aan anderen geven, is wat we terugkrijgen—op precies dezelfde manier en in dezelfde mate. Het komt overeen met de Gulden Regel:

Behandel anderen zoals je zou willen
dat anderen jou behandelen.

Newton's Derde Wet van Beweging geeft de hoofdgedachte weer van de Wet van Karma: wat we aan anderen geven is wat we van anderen ontvangen. Het leert ons dat als we iets willen ontvangen, we moeten beginnen met datzelfde aan anderen te geven.

De derde wet van Newton vertelt ons niet hoe onze daden en de daden van onze voorouders onze gedachten, gevoelens, relaties, financiën en elk aspect van ons leven beïnvloeden. Bijvoorbeeld, stel dat we Newtons Derde Bewegingswet letterlijk proberen te interpreteren. Als we iemand een appel geven, moeten we op hetzelfde moment een andere appel terugkrijgen. Als we een kogel op iemand afschieten, zou er onmiddellijk een andere kogel op ons af moeten komen. Uiteraard is dit niet wat er in het echte leven gebeurt. Het echte leven is veel gecompliceerder dan dit. Newton's Derde Bewegingswet, evenals de klassieke natuurkunde, is te simplistisch om de Wet van Karma in zijn volle subtiliteit te beschrijven.

Om de Wet van Karma wetenschappelijk te begrijpen, hebben we kwantumfysica en Tao wetenschap nodig.

Karma en trillingsveld

De kwantumfysica onthult ons dat alles en iedereen is opgebouwd uit een trillingsveld. Ons trillingsveld bestaat uit verschillende trillingen met polychromatische frequenties, golflengtes en andere eigenschappen. Ons trillingsveld bevat alle informatie, energie en materie over ons. Dit trillingsveld is de optelsom van onze daden, evenals de invloed op ons van de daden van onze voorouders, de mensheid, Moeder Aarde, het zonnestelsel, ontelbare sterrenstelsels en ontelbare universa.

Ons trillingsveld breidt zich uit over alle ruimte en tijd. Het is op geen enkele manier beperkt. Het maakt deel uit van een universeel trillingsveld. Het universele trillingsveld bevat alles en iedereen. Elk van onze acties beïnvloedt het hele universele trillingsveld. Het beinvloedt alles en iedereen. Het is een dienst aan alles en iedereen.

Karma is de registratie van diensten.

Karma is de informatie, energie en materie die ons trillingsveld bevat over de diensten die onze voorouders en wijzelf in het verleden hebben verleend.

Karma wordt vastgelegd in het trillingsveld. Ons trillingsveld registreert al onze handelingen, gedragingen en gedachten vanaf het begin van ons bestaan. Ons trillingsveld is onze Akasha Kroniek, waaruit we ons karma kunnen aflezen.

Karma kan worden onderverdeeld in positief karma en negatief karma . We hebben de spirituele definitie voor positief karma en negatief karma gegeven. Laten we ze nu een wetenschappelijke definitie geven.

Wetenschappelijke definitie van karma

We kunnen karma wetenschappelijk definiëren in termen van informatie en entropie. Laten we beginnen met positief karma.

**Positief karma is actie die positieve informatie verhoogt.
Positief karma kan gemeten worden door
de toename in negatieve entropie.**

Positieve informatie is de maatstaf van verbinding met alle wezens. Actie die onze kwantumverstrengeling en andere verbindingen met alle wezens versterkt, verhoogt de positieve informatie. Hoe meer verbinding of positieve informatie we hebben, hoe meer kracht, wijsheid en invloed we hebben.

Positief karma bouwt verbinding op. Positief karma versterkt onze zielenkracht, hartkracht en geestkracht. Het leidt tot liefde, vreugde, overvloed, een lang leven, wijsheid en vrede. Liefde, vergeving, compassie, licht, nederigheid, harmonie, voorspoed, dankbaarheid, dienstbaarheid en verlichting kunnen ons positieve karma vergroten.

De wiskundige maatstaf voor positief karma is negatieve entropie. Negatieve entropie is de wiskundige maatstaf van deugd. De wiskundige maatstaf van negatieve entropie is gelijk aan de spirituele maatstaf van deugd.

Nu mag de wetenschappelijke definitie van negatief karma geen verrassing meer zijn:

**Negatief karma is actie die negatieve
informatie versterkt. Negatief karma kan
gemeten worden door de toename in entropie.**

Negatief karma vergroot onze negatieve informatie. Negatieve informatie is de wanorde en onzekerheid in onszelf en onze afgescheidenheid van anderen. Hoe minder verbinding we met anderen hebben, hoe minder kracht, wijsheid en invloed we hebben. Gebrek aan verbinding wordt uitgedrukt door de negatieve informatie in ons. De negatieve informatie wordt gemeten door entropie. Entropie drukt uit hoeveel wanorde, afscheiding en onzekerheid we hebben. Entropie is de wiskundige maatstaf voor karmische schulden.

Negatief karma scheidt ons af van alle wezens. Het vermindert de kracht van onze ziel. Het sluit ons hart, beperkt het vermogen om te ontvangen. Het beperkt onze geest.

Doden, stelen, bedriegen, misbruik maken van anderen, oordelen, discrimineren, klagen, enzzovoort zijn onaangename diensten die onze verbinding met anderen verminderen. Ze genereren negatieve informatie. Negatieve informatie of entropie vergroot de wanorde in ons. Het leidt tot moeilijkheden, uitdagingen, ziekte, rampen, verval en dood.

Negatief karma verminderen is actie ondernemen die de verbinding met anderen herstelt en versterkt. Het is het vergroten van onze positieve informatie, die deugd is. Onze positieve informatie, deugd, zal onze spirituele schulden, wat negatief karma is, compenseren en verminderen.

Wat veroorzaakt negatief karma? Boeddha leert ons dat hebzucht, woede en onwetendheid kunnen leiden tot negatief karma. Hebzucht, woede en onwetendheid leiden tot verwijdering en afscheiding van anderen. Ook allerlei vormen van oordeel, discriminatie en gehechtheid kunnen negatief karma creëren. Om te vermijden dat we negatief karma creëren, moeten we hebzucht, woede, onwetendheid, oordeel, discriminatie, gehechtheid, enzovoort verwijderen.

Beste lezer, op dit moment vragen wij je even stil te staan en de tijd te nemen om je gedachten, je spreken, je gevoelens, je emoties, je intenties, je horen, zien, schrijven, lezen en al je handelingen te onderzoeken. Creëer je positief karma dat je gelukkiger, gezonder en succesvoller zal maken? Of creëer je negatief karma dat je ongelukkig

maakt, ziekte, moeilijkheden, rampen, uitdagingen en andere negatieve ervaringen zal brengen in je gezondheid, relaties, financiën, carrière en meer?

De Wet van Karma

De Wet van Karma drukt uit hoe onze werkelijkheid wordt gemanifesteerd door onze daden. De Wet van Karma bestaat uit twee delen.
Het eerste deel is als volgt:

De Wet van Karma, Deel 1

Deel 1 van de Wet van Karma legt uit wat onze ervaringen bepaalt
in elk aspect van ons leven. Dit is de kern van de Wet van Karma:

> **Wat wij nu ervaren in ons spiritueel, mentaal, emotioneel
> en fysiek lichaam en in onze relaties, financiën en elk
> aspect van ons leven, is wat onze voorouders en wij
> in het verleden aan anderen hebben gegeven.**

*Wetenschappelijke afleiding en verklaring van
de wet van karma, deel 1*

Het eerste deel van de Wet van Karma vertelt ons hoe onze daden
uit het verleden onze huidige werkelijkheid beïnvloeden. Elk van
onze handelingen, zoals denken, spreken, voelen, horen, ruiken,
proeven, emotie, bewegen, enzovoort, manifesteert een reeks trillingen. Stel dat je op een bepaalde manier hebt gehandeld. Laten we die
handeling "A" noemen. Actie A manifesteert een reeks trillingen, genaamd "B." Omdat B van jou komt, is B kwantumverstrengeld met
jouw trillingsveld.

Stel nu dat een persoon genaamd John, "B" ontvangt. John ervaart
geluk wanneer hij B voelt. De actie van John die B ervaart als geluk,
is de manifestatie van B als een staat van geluk.

Aangezien B kwantumverstrengeld is met een deel van jouw trillingsveld, zal een deel van jouw trillingsveld nu in een staat van geluk komen. Als je hart deze "staat van geluk" vibraties ontvangt, zul
je geluk voelen. Omdat jouw actie maakte dat John zich gelukkig
voelde, ervaar jij ook geluk.

Veronderstel daarentegen dat John "B" niet onmiddellijk ontvangt,
maar dat hij het op een later tijdstip ervaart. In dit geval zal B zich
manifesteren als een staat van geluk op een later tijdstip. Deze gelukkige staat zal dan op een later tijdstip ook in jouw trillingsveld komen. Met andere woorden, je zult het karmische gevolg van actie A
op een later tijdstip ontvangen. Dit toont ons dat karmische gevolgen
kunnen worden uitgesteld.

In beide situaties bestaan de door A veroorzaakte trillingen in de
staat van geluk. John kan deze trillingen onmiddellijk ontvangen of
op een later tijdstip.

Stel nu dat je hart de trilling in de gelukkige staat niet ontvangt. Als
dit het geval is, zelfs als het bestaat in je trillingsveld, zul je nog steeds
niet het geluk voelen dat veroorzaakt is door je actie A. Wanneer de
tijd rijp is voor jou om dit gelukkige trillingsveld te ontvangen, zul je
het geluk ervaren dat veroorzaakt is door je eigen actie A. Dit is een
andere manier waarop karmische gevolgen kunnen worden uitgesteld.

Als veel mensen B ontvangen en geluk ervaren, zul jij meer geluk
ervaren. Hoe meer mensen B als geluk ervaren, hoe meer geluk jij
zult ervaren. Hoe langer en vaker anderen geluk ervaren van B, hoe
langer en vaker jij geluk mag ervaren van jouw actie A.

Als sommige mensen, om welke reden dan ook, verdriet ervaren
wanneer ze B voelen, kan het zijn dat jij ook verdriet voelt. Je kunt
zowel geluk als droefheid ervaren van je actie A.

Uit deze voorbeelden kunnen we zien dat ons karma ons gedurende lange tijd en op veel manieren kan beïnvloeden.

Ons karma kan onze kinderen beïnvloeden. Dit komt omdat het trillingsveld van onze kinderen gedeeltelijk kwantumverstrengeld is met het onze. Daarom kan wat wij anderen laten ervaren ook onze kinderen beïnvloeden. Het kan hen voor een lange tijd beïnvloeden. Op dezelfde manier kan het karma van onze voorouders ons lange tijd beïnvloeden.

Uit de bovenstaande voorbeelden kunnen we zien dat ons karma ons gedurende lange tijd en op veel manieren kan beïnvloeden. Karma heeft vier belangrijke kenmerken:

1. De gevolgen van karma kunnen worden uitgesteld.
2. Karma heeft vele lagen.
3. Karma heeft een cumulatief effect.
4. Karma is erfelijk.

Als onze actie in het algemeen verbinding en orde vergroot, versterkt dat positieve informatie. Dan creëren we positief karma. Positief karma wordt gemeten aan de hand van negatieve entropie. Met de creatie van positief karma neemt onze negatieve entropie toe. Zoals we al eerder hebben gezegd, zullen positief karma, positieve informatie, meer negatieve entropie ons gezonder, jonger, wijzer, krachtiger en succesvoller maken.

Als onze actie in het algemeen afscheiding en wanorde teweegbrengt, zal dit onze negatieve informatie versterken. Dan creëren we negatief karma. Negatief karma wordt gemeten aan de hand van entropie. Negatief karma, dat bestaat uit negatieve informatie en meer entropie, zal ons ziek en ouder maken en lijden, moeilijkheden, uitdagingen, mislukkingen, rampen en de dood brengen.

Ieder van ons heeft vele soorten karma opgeslagen in zijn trillings-veld. Wij zullen ons karma ervaren wanneer de tijd rijp is. Wanneer is het tijd voor ons om ons karma te ervaren?

Karmische gevolgen laten zich op twee manieren zien: op een posi-tieve manier en op een negatieve manier. De positieve manier is te danken aan positief karma, dat is positieve informatie gemeten aan de hand van negatieve entropie. Positief karma zal ons in staat stellen meer liefde te hebben, en gezonder, jonger, wijzer, krachtiger en suc-cesvoller te zijn. Wanneer negatieve entropie zich opstapelt en een bepaald punt bereikt, zullen positieve karmische gevolgen optreden. Iemand kan bijvoorbeeld erg arm zijn. Als deze persoon ijverig zijn best doet om vele anderen te helpen een beter leven te hebben, sta-pelen zijn goede daden zich op. Op een bepaald moment zal de per-soon een beter leven gaan krijgen.

De negatieve manier is te wijten aan negatief karma, wat negatieve informatie is, gemeten aan de hand van entropie. Negatief karma zal ziekte, veroudering, lijden, moeilijkheden, uitdagingen, mislukkin-gen, rampen en de dood brengen. Wanneer de entropie zich opsta-pelt en een bepaald punt bereikt, zullen er negatieve karmische gevolgen optreden. Bijvoorbeeld, een bepaald deel van iemands li-chaam heeft een ontsteking. De ontsteking verergert en verspreidt zich. De ontsteking brengt negatieve informatie, wanorde en afschei-ding naar het lichaam. Wanneer de ontsteking tot een bepaald punt groeit, kan ernstige ziekte optreden.

Wij willen allemaal een betere gezondheid, jeugdigheid, succes, wijs-heid, kracht en voorspoed in ons leven. We hopen allemaal ziekte, veroudering, lijden, moeilijkheden, uitdagingen, mislukkingen, ram-pen en dood te verminderen en uit te schakelen. Om dit te bereiken, moeten we goede daden verrichten om meer positief karma te cre-eren en onze negatieve entropie te vergroten. Deze negatieve entro-pie kan onze entropie verminderen. Op deze manier kan ons positieve karma ons negatieve karma compenseren. Door dit proces kunnen ziekte, veroudering, lijden, moeilijkheden, uitdagingen, mislukkingen, rampen en de dood worden voorkomen en uitgeschakeld.

Conclusies van deel 1 van de Wet van Karma

Conclusie 1

**Wat we nu ontvangen is
wat we eerder aan anderen hebben gegeven.**

**Karma is de kernoorzaak van succes
en falen in elk aspect van ons leven.**

Karma is oorzaak en gevolg. Wanneer we anderen positief beïnvloeden, ontvangen we zegeningen. Wanneer wij anderen negatief beïnvloeden, ervaren wij uitdagingen en leren wij lessen.

Volgens de Wet van Karma zijn ons huidige voelen, horen, zien, ruiken, proeven, denken, emotie, intelligentie, financiën, carrière, relaties en elk aspect van ons leven, effecten. De oorzaken zijn onze daden en die van onze voorouders in het verleden, die anderen hebben doen voelen, horen, zien, ruiken, proeven, denken, emotioneren en ook bepaalde intelligentie doen hebben, financiën, carrières, relaties en meer.

Conclusie 2

Karmische gevolgen verschijnen dienovereenkomstig.

Al ons karma, positief en negatief, is opgeslagen in ons trillingsveld. Niets ontbreekt of zal ontbreken. Sommige mensen denken misschien dat ze kunnen verbergen wat zij of hun voorouders in het verleden hebben gedaan. De waarheid is dat niets kan worden verborgen. Er is een oude uitspraak: *als je niet wilt dat mensen het weten, doe het dan niet.* Als je het doet, weet je het. Hemel en aarde weten het ook. Of we ons nu bewust zijn van de karmische gevolgen of niet, we kunnen ze niet vermijden.

Er is een Chinese uitspraak die zegt: Shan you shan bao, e you e bao. Bu shi bu bao, shi hou bu dao.

Shan betekent *aardig*. You betekent *heeft*. Bao betekent *antwoord* of *terugkeer*. E betekent *kwaad*. Bu betekent *niet*. Shi betekent *is*. Shi hou betekent *tijd*. Dao betekent *aankomen*.

Dit Chinese gezegde betekent: *Door vriendelijk handelen komt er iets goeds terug. Schadelijk handelen leidt tot nadelige gevolgen. Als je het effect van je actie nog niet hebt gekregen, is dat niet omdat het je niet zal treffen. Het is omdat het daar de tijd nog niet voor is.*

Conclusie 3

Karma kan ons verblinden en in de val lokken.

Ons karma kan ons verblinden en ons beheersen. Het kan ons op bepaalde manieren laten denken, voelen, zien, horen, proeven, ruiken, spreken en handelen. Het kan ons doen geloven dat wat wij denken en voelen de enige waarheid is. Veel mensen zitten vanwege hun karma vast in hun specifieke kijk op het leven. Zij staan niet open voor hogere wijsheid en kennis. Dit is een van de manieren waarop karma ons in het leven gevangen houdt.

Om een leven te leiden met meer vrijheid, een betere gezondheid en meer succes in elk opzicht, is het van cruciaal belang te weten dat ons negatief karma invloed heeft op onze gevoelens, ideeën, gedachten, spreken, horen, zien, ruiken, proeven en nog veel meer. Om ons leven te transformeren, is het van cruciaal belang dat we hogere wijsheid leren en volgen.

De Wet van Karma, Deel 2

Het tweede deel van de Wet van Karma brengt tot uitdrukking hoe onze werkelijkheid wordt gemanifesteerd. Het vertelt ons dat onze ziel, hart en geest onze fysieke werkelijkheid manifesteren. De ziel geeft informatie aan het hart. Het hart ontvangt de informatie en activeert de geest. De geest verwerkt de informatie en stuurt de energie aan. Tenslotte brengt de energie de materie in beweging. Materie is de fysieke werkelijkheid die we waarnemen. De informatie die je ziel levert, het vermogen van je hart om deze informatie te ontvangen en de manier waarop je geest de informatie verwerkt, bepalen wat er in je leven gebeurt.

**Wat we in onze ziel, hart, geest en lichaam hebben,
is wat we zullen manifesteren in onze fysieke werkelijkheid.**

In de kwantumfysica worden detectoren gebruikt om trillingen te ontvangen en te verwerken en kwantumverschijnselen zichtbaar te maken. De soorten trillingen die aanwezig zijn, de soorten detectoren die we gebruiken en waar en hoe we de detectoren plaatsen, bepalen de verschijnselen die we waarnemen. Onze ziel geeft informatie. Ons hart en onze geest komen overeen met detectoren in de kwantumfysica. Het soort informatie dat onze ziel aan ons hart geeft, de informatie die ons hart kan ontvangen en de manier waarop onze geest de informatie verwerkt, bepalen elk aspect van ons leven.

De Wet van Karma vertelt ons niet alleen hoe onze vroegere diensten onze huidige werkelijkheid bepalen, maar ook hoe onze huidige daden onze toekomst vormgeven. Wat er op dit moment in onze ziel, hart en geest gebeurt, veroorzaakt wat er in de toekomst in ons leven zal gebeuren. De keuzes die we op dit moment maken in onze gedachten, gevoelens, emoties, aandacht, spreken, schrijven, ruiken, proeven, horen en nog veel meer, bepalen onze toekomst. Onze keuzes hebben een diepgaande invloed op onze gezondheid, relaties, financiën en elk aspect van ons leven in de toekomst.

Conclusies van deel 2 van de Wet van Karma

Conclusie 4

Wij zijn de schepper van onze realiteit.

Ons lot ligt in onze eigen handen. Strikt genomen ligt onze werkelijkheid in onze ziel, hart, geest en lichaam. Wij zijn degenen die de controle hebben over onze eigen werkelijkheid en lotsbestemming. Door onze ziel, hart, geest en lichaam te veranderen en te transformeren, kunnen we onze gezondheid, relaties, financiën, intelligentie, uiterlijk, levensduur en elk aspect van ons leven veranderen.

Conclusie 5

**Op dit moment en op elk moment,
hebben we de keuze om het leven te creëren dat we willen.**

De Wet van Karma houdt in dat we ons realiseren dat we op dit moment een keuze hebben. De keuzes die we op dit moment maken, bepalen wat er in ons leven zal gebeuren in het volgende moment en in de toekomst.

Kiezen we op dit moment voor woede of voor vergeving en compassie? Zijn we blij of maken we ons zorgen? Hebben we lief of haten we? Zijn we vredig of angstig? Zijn we gelukkig of verdrietig? De keuzes die we op elk moment maken, bepalen onze gezondheid, relaties, financiën en elk aspect van ons leven. Als we ons zorgen blijven maken, creëren we een leven vol zorgen. Als we ons concentreren op verdrietig zijn, zullen we een verdrietig leven leiden. Als we angstig zijn, zullen veel dingen in ons leven komen om ons bang te maken. Als we misbruik maken van anderen, zullen dingen van ons worden afgenomen. Als we anderen dienen, zal ons meer gegeven worden.

De Wet van Karma vertelt ons de kracht van onze huidige daden. Hoewel onze huidige ervaringen worden bepaald door wat we in het verleden hebben gedaan, kunnen we op dit moment ook kiezen voor een andere manier van denken, voelen, zien, horen, proeven, ruiken, spreken en handelen. Door een andere weg te kiezen, kunnen en zullen we onze toekomst veranderen. We kunnen ons lot veranderen. We hebben de kracht om elk aspect van ons leven te helen, te transformeren en op te tillen. Dit te beseffen is een van de hoogste bevrijdingen en bekrachtigingen.

Hoe kunnen we negatief karma verwijderen?

Negatief karma is onze afgescheidenheid van anderen en ook de wanorde en onzekerheid in onszelf. Het is de oorzaak van ziekte, veroudering, dood, lijden, moeilijkheden en uitdagingen in onze gezondheid, relaties, financiën en elk aspect van ons leven. Het verwijderen van negatief karma is het verwijderen van al deze negatieve informatie. Het is om meer liefde, vrede, kracht, wijsheid, vrijheid en overvloed te krijgen.

Vanuit ons wetenschappelijk inzicht in karma, zien we dat er drie manieren zijn om negatief karma op te ruimen:

1. Verander negatieve informatie in positieve informatie.
2. Pas vergeving toe en verleen goede diensten.
3. Verwijder duisternis in ons trillingsveld.

Laten we nu eens kijken hoe we ons negatieve karma met deze methoden kunnen verwijderen.

Zet negatieve informatie om in positieve informatie

Negatief karma is de negatieve informatie in onze ziel, hart, geest en lichaam. Het transformeren van negatieve informatie naar positieve informatie is het zuiveren van ons negatieve karma en het creëren van positief karma.

Het Zielenlichttijdperk begon op 8 augustus 2003. Het zal ten minste vijftienduizend jaar duren. Aan het begin van dit tijdperk van "ziel

boven materie", gaf de Divine ons een diepgaand en krachtig geschenk om ons negatieve karma te helpen verwijderen. Dit speciale
geschenk is het hemelse lied van de ziel *Liefde, Vrede en Harmonie*. Dit
lied bevat hemelse informatie en vibratie. *Liefde, Vrede en Harmonie*
zingen is een van de eenvoudigste en krachtigste manieren van de
Divine om je negatieve karma zelf te reinigen.

Ik (Master Sha) ontving *Liefde, Vrede en Harmonie* van de Divine op 10
september 2005. De tekst is heel eenvoudig:

> *Ik houd van mijn hart en ziel*
> *Ik houd van de hele mensheid*
> *Breng harten en zielen samen*
> *Liefde, vrede en harmonie*
> *Liefde, vrede en harmonie*

De eerste regel, *Ik houd van mijn hart en ziel*, is om onze ziel, hart, geest
en lichaam te zuiveren. Liefde doet alle blokkades smelten en transformeert al het leven. Het hart en de ziel liefhebben is het hart en de
ziel helen. Heel eerst het hart en de ziel, dan zal healing van de geest
en het lichaam volgen. In de Tao wetenschap is liefde een kwantumveld dat positieve informatie, energie en materie bevat, die onze negatieve informatie, energie en materie kan transformeren.

Ik houd van mijn hart en ziel is een mantra van de ziel om al onze ziektes te helen. Het kost wel tijd om de gezondheid van chronische en
levensbedreigende aandoeningen te herstellen, maar het werkt zeker. Deze mantra van de ziel is onbegrijpelijk krachtig.

De tweede regel, *Ik houd van de hele mensheid*, is om de hele mensheid
te dienen. Om negatief karma — dat is negatieve informatie — te transformeren, moet men volgens oude spirituele wijsheid, dienen. Dienen is anderen gelukkiger en gezonder maken. Liefde geven is
dienen. De *hele mensheid liefhebben* is de mensheid dienen. Hoe meer
men dient, hoe meer men de positieve informatie verhoogt, en hoe

meer de negatieve informatie in onze Akasha kroniek zal worden vrijgegeven.

De derde regel, *Breng harten en zielen samen*, is een oproep aan de mensheid en alle zielen om zich als één te verenigen. Deze oproep is de grootste dienst. Alleen door dienstbaarheid kan iemands negatieve karma worden vergeven.

De vierde regel, *Liefde, vrede en harmonie*, is het uiteindelijke doel dat we willen bereiken. Een mens heeft liefde, vrede en harmonie nodig. Een gezin heeft behoefte aan liefde, vrede en harmonie. Een organisatie heeft behoefte aan liefde, vrede en harmonie. Een stad heeft behoefte aan liefde, vrede en harmonie. Een land heeft liefde, vrede en harmonie nodig. Moeder Aarde heeft liefde, vrede en harmonie nodig. Ontelbare planeten, sterren, sterrenstelsels en universa hebben liefde, vrede en harmonie nodig.

De vierde regel *Liefde, vrede en harmonie* wordt benadrukt en herhaald als de vijfde en laatste regel. Het is een Opdracht van de Divine aan wan ling (*alle zielen*).

Dit hemelse lied van de ziel, *Liefde, Vrede en Harmonie* is positieve informatie, energie en materie. Als een vis in vervuild water leeft, wordt de vis ziek of sterft. Om hem te redden, zuiver je het water. De mensheid leeft in een vervuilde omgeving op Moeder Aarde, inclusief de vervuiling van de mensheid van ziel, hart en geest, omgevingsvervuiling van de lucht, het water, het land en het voedsel, interne vervuiling in onze eigen jing qi shen en nog veel meer. Om de mensheid en Moeder Aarde te redden, moeten we de jing qi shen van de mensheid en de jing qi shen van Moeder Aarde zuiveren.

We benadrukken dat de blokkades van jing qi shen die we in ons dragen vervuiling *zijn*. Jing blokkades bevinden zich in de cellen. Qi blokkades bevinden zich in de ruimte tussen de cellen. Shen blokkades omvatten blokkades in de ziel, het hart en de geest. Zielenblokkades omvatten alle soorten negatief karma, wat negatieve informatie is in de

Tao wetenschap, zoals negatief persoonlijk karma, negatief voorouder-lijk karma, negatief relatiekarma, negatief financieel karma en nog veel meer. Negatief karma is negatieve informatie, die in elk aspect van het leven kan bestaan.

Waarom is het hemelse lied van de ziel *Liefde, Vrede en Harmonie* zo krachtig? Liefde bevat de krachtigste positieve informatie, energie en materie, die onze negatieve informatie, energie en materie in elk aspect van het leven kan zuiveren. Daarom is het hemelse lied van de ziel *Liefde, Vrede en Harmonie* het geschenk van de Divine om ons in staat te stellen ons negatieve karma in elk aspect van het leven te zuiveren. Wat we moeten doen is *Liefde, Vrede en Harmonie* zingen. Meer dan een miljoen mensen hebben al positieve resultaten ontvangen door *Liefde, Vrede en Harmonie te* zingen.

In de Tao wetenschap creëert *Liefde, Vrede en Harmonie* positieve kwantumverstrengeling. Het veld van dit hemelse lied van de ziel kan positieve kwantumverstrengeling brengen met alles en iedereen, overal. Daarom is het lied *Liefde, Vrede en Harmonie het geschenk* van de Divine om ons negatieve karma te zuiveren en zo onze gezond-heid, relaties, financiën en elk aspect van het leven te transformeren.

Zing het hemelse lied van de ziel *Liefde, Vrede en Harmonie* om de mensheid en alle zielen te dienen. Wanneer miljoenen mensen dit lied zingen, zal er grote positieve informatie naar de mensheid en Moeder Aarde komen. Dit is heel hard nodig omdat de mensheid momenteel voor enorme uitdagingen staat, waaronder milieuvervui-ling, financiële crises, oorlogen en andere conflicten, evenals andere uitdagingen op het gebied van gezondheid, relaties, en meer. Deze moeilijkheden en problemen zijn te wijten aan het karma van de mensheid. Als miljoenen mensen dit hemelse lied van de ziel zouden chanten, zou het karma van de mensheid worden verminderd. Dit kan helpen om lucht-, water- en andere vervuiling te verminderen. Het kan helpen oorlogen, hongersnood en andere uitdagingen te stoppen.

Ik heb de Love Peace Harmony Foundation opgericht, die wordt ondersteund door de Love Peace Harmony Movement. De belangrijkste dienst en activiteit van de Love Peace Harmony Movement is het creëren van een Love Peace Harmony Wereld Familie en een Love Peace Harmony Universele Familie door het zingen van *Liefde, Vrede en Harmonie*. Je kunt een gratis mp3 download ontvangen van *Liefde, Vrede en Harmonie* op www.lovepeaceharmony.org. Het hemelse lied van de ziel *Liefde, Vrede en Harmonie* vijftien minuten per dag zingen, zou je kunnen helpen op een manier die je begrip te boven gaat. Sluit je aan bij de Love Peace Harmony Movement om liefde, vrede en harmonie te verspreiden onder de mensheid en alle zielen.

Vergeving toepassen en dienstbaar zijn

We onderwijzen Tien Da. Da betekent *grootste*. De Tien Da zijn tien grootste kwaliteiten van de Divine en Tao Bron. De Tien Da zijn:

- Da Ai (*grootste liefde*)
- Da Kuan Shu (*grootste vergeving*)
- Da Ci Bei (*grootste compassie)*
- Da Guang Ming (*grootste licht*)
- Da Qian Bei (*grootste nederigheid*)
- Da He Xie (*grootste harmonie*)
- Da Chang Sheng (*grootste bloei*)
- Da Gan En (*grootste dankbaarheid*)
- Da Fu Wu (*grootste dienstbaarheid*)
- Da Yuan Man (*grootste verlichting*)

Tien Da is de natuur van Tao Bron, de ultieme Schepper. Tao Bron bevat onbeperkte positieve informatie, energie, en materie. Zoals we in hoofdstuk elf zullen delen, creëert Tao Bron hemel en aarde, die yang en yin zijn. Yin-yang interactie creëert alles. We moeten diep in ons hart en onze ziel beseffen dat Tao de ultieme Schepper is.

Omdat Tien Da de hoogste positieve informatie, energie en materie bevat, kan Tien Da elk aspect van het leven zuiveren en transformeren. Laten we nu oefenen met twee van de Tien Da om negatief karma zelf te zuiveren.

Da Kuan Shu (Grootste Vergeving)

Da betekent *grootste*. Kuan Shu betekent *vergeving*. Da Kuan Shu betekent *grootste vergeving*. De beoefening van vergeving is de gouden sleutel om negatief karma te zuiveren. De Tao Bron heeft mij vier speciale regels gegeven voor elk van de Tien Da. Voor Da Kuan Shu zijn de vier regels:

Er Da Kuan Shu

Er betekent *twee* of *tweede*. Da betekent *grootste*. Kuan shu betekent *vergeving*. Er Da Kuan Shu betekent *de tweede van de Tien Da is grootste vergeving*.

Wo Yuan Liang Ni

Wo betekent *ik*. Yuan liang betekent *vergeven*. Ni betekent *jij*. Wo Yuan Liang Ni betekent *ik vergeef jou*.

Ni Yuan Liang Wo

Ni betekent *jij*. Yuan liang betekent *vergeven*. Wo betekent *ik*. Ni Yuan Liang Wo betekent *jij vergeeft mij*.

Xiang Ai Ping An He Xie

Xiang ai betekent *liefde*. Ping an betekent *vrede*. He xie betekent *harmonie*. Xiang Ai Ping An He Xie betekent *liefde, vrede en harmonie*.

Hoe hebben wij in al onze levens positief karma en negatief karma gecreëerd? Volgens oude wijsheid wordt karma gecreëerd via onze shen kou yi. Shen betekent *lichaam* en duidt op onze activiteiten en ons gedrag. Kou betekent *mond* en duidt op onze spraak. Yi betekent *bewustzijn* en duidt op onze gedachten. Karma wordt gecreëerd door onze dagelijkse activiteiten, gedragingen, spraak en gedachten.

In de Tao wetenschap is positief karma positieve informatie, wat orde en verbinding is. Als we positieve diensten verlenen, zoals liefde schenken, vergeving, compassie, licht, zorg, vriendelijkheid, edelmoedigheid, integriteit en nog veel meer, vergroten we de positieve informatie. We creëren letterlijk positief karma. Volgens de Wet van Karma zorgt positief karma voor zegeningen ontvangen voor gezondheid, relaties, financiën, intelligentie, succes, hogere wijsheid, hogere realisatie voor het leven en het bereiken van verlichting van ziel hart geest en lichaam.

In de Tao wetenschap is negatief karma negatieve informatie, dat is afgescheidenheid en wanorde. Als wij negatieve diensten verlenen, zoals doden, schaden, misbruik maken van anderen, stelen, bedriegen en nog veel meer, vergroten wij de negatieve informatie. We creëren letterlijk negatief karma. Volgens de Wet van Karma brengt negatief karma blokkades met zich mee en uitdagingen in elk aspect van ons leven, zoals gezondheid, relaties, financiën, intelligentie, mislukkingen, gebrek aan wijsheid, de weg kwijt raken op de spirituele reis en nog veel meer.

Het beoefenen van vergeving is een van de gouden sleutels om negatief karma zelf te verwijderen. Negatief karma is tweerichtingsverkeer. Aan de ene kant hebben we anderen gekwetst in ons huidige leven en al onze vorige levens. Aan de andere kant kunnen anderen ons in alle levens pijn hebben gedaan. We moeten ook rekening houden met voorouderlijk karma. Velen van ons dragen een aanzienlijk negatief voorouderlijk karma met zich mee. Onze voorouders hebben anderen in al hun levens pijn gedaan en anderen hebben onze voorouders in alle levens pijn gedaan.

Daarom is het beoefenen van vergeving een oefening in twee richtingen. De tweede speciale regel voor Da Kuan Shu is *Ik vergeef jou*. Het maakt niet uit hoe anderen ons of onze voorouders gekwetst hebben, we bieden hun onvoorwaardelijk vergeving aan.

De derde speciale regel voor Da Kuan Shu is: *jij vergeeft mij*. Dit is geen bevel of een verklaring. Het moet een oprecht en nederig verzoek zijn. Wanneer wij en onze voorouders anderen gekwetst hebben, moeten we ons diep bewust zijn van onze fouten en ons oprecht verontschuldigen voor de pijn en het leed dat we veroorzaakt hebben. Daarna kunnen we degenen die we gekwetst hebben nederig vragen om ons te vergeven. *Oprechtheid en eerlijkheid ontroeren de hemel*. Laten we de wijsheid van deze oude uitspraak uitbreiden naar: *oprechtheid en eerlijkheid ontroeren zielen*. Hoe meer we ons bewust zijn van onze fouten, met grote eerlijkheid naar onszelf en meer, hoe oprechter en nederiger we ons kunnen verontschuldigen en om vergeving kunnen vragen. Hoe meer de hemel en de zielen die we hebben gekwetst of geschaad ons ware hart en geest horen, zien, voelen en kennen, hoe meer vergeving zij ons zullen schenken en ons ermee zullen zegenen.

De vierde speciale regel voor Da Kuan Shu is *breng liefde, vrede en harmonie*. Als vergeving wordt gegeven en vergeving wordt ontvangen, dan ontstaat liefde, vrede en harmonie tussen ontelbare zielen.

Inzicht in de wijsheid van karma is heel belangrijk. Als iemand je op enigerlei wijze kwetst door woede, misbruik, profiteren van, schade berokkenen of doden, begrijp dan dat je hem in een vorig leven op dezelfde manier gekwetst zou kunnen hebben. De Wet van Karma vertelt ons dit heel duidelijk. In Tao wetenschappelijke termen gezegd: we zouden negatieve informatie kunnen hebben gecreëerd, inclusief boosheid, misbruik, profiteren van, schade berokkenen of doden in een vorig leven, wat negatieve kwantumverstrengeling is. De wijsheid van de Tao wetenschap leert ons dat informatie verdeeld is in positieve en negatieve kwantumverstrengeling. Positieve kwantumverstrengeling is kwantumverstrengeling die de algehele verbinding en orde vergroot. Negatieve kwantumverstrengeling is kwantumverstrengeling die de algehele verbinding en orde doet afnemen. Negatief karma is de negatieve verstrengeling die in vorige levens is ontstaan en die samenhangt met de verstrengeling in dit leven.

De vier speciale regels voor Da Kuan Shu zijn een speciaal geschenk om negatief karma, dat is negatieve informatie, zelf te verwijderen om het te transformeren tot positief karma en positieve informatie.

Hier is een praktisch voorbeeld voor je om een vergevingsoefening te doen:

Gebruik Zielenkracht (zeg *hallo*):

> *Lieve Tao Bron,*
> *Lieve Divine,*
> *Lieve Hemel, met inbegrip van alle soorten spirituele vaders en moeders,*
> *Lieve Moeder Aarde,*
> *Lieve de hele mensheid,*
> *Lieve alle mensen, dieren, de natuur, organisaties, en meer die ik of mijn voorouders hebben gekwetst of geschaad op welke manier dan ook, in welk leven dan ook,*
> *Ik hou van jullie, eer en respecteer jullie allemaal.*
> *Ik verontschuldig me diep voor al onze fouten.*
> *Ik vraag jullie om vergeving. Ik weet in mijn hart en ziel dat alleen om vergeving vragen niet genoeg is. Ik zal meer dienen. Dienen is anderen gelukkiger en gezonder maken. Ik zal jullie dienen. Ik zal wan ling dienen.*
> *Elke ziel die mijn voorouders of mij ooit heeft pijn gedaan, ik vergeef je volledig en onvoorwaardelijk.*

Chant dan (Klankkracht):

> *Ik vergeef jou. Jij vergeeft mij. Breng liefde, vrede en harmonie.*
> *Ik vergeef jou. Jij vergeeft mij. Breng liefde, vrede en harmonie.*
> *Ik vergeef jou. Jij vergeeft mij. Breng liefde, vrede en harmonie.*
> *Ik vergeef jou. Jij vergeeft mij. Breng liefde, vrede en harmonie. ...*

Chant minstens vijf minuten lang. Hoe langer en hoe vaker je kunt chanten, hoe beter. Er is geen tijdslimiet. Hoe vaker je deze oefening doet, hoe sneller en beter je je negatieve jing qi shen kunt transformeren in positieve jing qi shen. Transformatie van elk aspect van je leven zal volgen.

Vergevingsbeoefening is de beste oefening om zelf negatieve karma te reinigen. De transformatie die je kunt bereiken gaat alle begrip te boven.

Da Fu Wu (Grootste Dienstbaarheid)

Da betekent *grootste*. Fu Wu betekent *dienstbaarheid*. Da Fu Wu betekent *grootste dienstbaarheid*.

Dienen is anderen gelukkiger en gezonder maken. Dit soort dienstbaarheid is het creëren van positieve informatie, energie en materie. In termen van Tao wetenschap: het creëert positieve kwantumverstrengeling. Deze positieve kwantumverstrengeling zal je verstrengelen met de persoon die je dient. Deze verstrengeling kan onmiddellijk zijn. De verstrengeling kan ook later plaatsvinden, zelfs in een toekomstig leven. In de Tao wetenschap is deze wijsheid van vitaal belang om uit te leggen hoe negatieve informatie iemands leven kan beïnvloeden. Op dezelfde manier beïnvloedt ook positieve informatie iemands leven wanneer de tijd rijp is.

Laten we opnieuw oefenen om ons negatieve karma te verwijderen:

Zielenkracht. Zeg *hallo*:

Lieve Tao Bron,
Lieve Divine,
Lieve de Hemel, met inbegrip van alle soorten spirituele vaders en
   moeders,
Lieve Moeder Aarde,
Lieve de hele mensheid,
Lieve alle mensen, dieren, de natuur, organisaties en meer, die ik of
   mijn voorouders hebben gekwetst of geschaad op welke manier
   en in welk leven dan ook,

Ik hou van jullie, eer jullie en respecteer jullie.
Ik verontschuldig me diep voor al mijn fouten.
Ik vraag jullie om vergeving. Ik weet in mijn hart en ziel dat alleen
  om vergeving vragen niet genoeg is. Ik zal meer dienen. Dienen
  is anderen gelukkiger en gezonder maken. Ik zal jullie dienen. Ik
  zal wan ling dienen.
Elke ziel die ooit mijn voorouders of mij pijn heeft gedaan, ik
  vergeef je volledig en onvoorwaardelijk.

Klankkracht. Chant:

Ik vergeef jou. Jij vergeeft mij. Breng liefde, vrede en harmonie.
Ik vergeef jou. Jij vergeeft mij. Breng liefde, vrede en harmonie.
Ik vergeef jou. Jij vergeeft mij. Breng liefde, vrede en harmonie.
Ik vergeef jou. Jij vergeeft mij. Breng liefde, vrede en harmonie. …

Vergevingsbeoefening is een dagelijkse oefening om negatief karma, dat negatieve informatie is, te transformeren. We kunnen nooit genoeg aan vergevingsbeoefening doen. Daarom leggen we opnieuw de nadruk op beoefening van vergeving. Laten we nu *Da Fu Wu (grootste dienstbaarheid)* chanten om onze positieve informatie te vergroten.

Chant:

Da Fu Wu
Da Fu Wu
Da Fu Wu
Da Fu Wu …

Grootste dienstbaarheid
Grootste dienstbaarheid
Grootste dienstbaarheid
Grootste dienstbaarheid …

Chant minstens vijf minuten. Hoe meer je kunt chanten, hoe beter het is. Er is geen tijdslimiet. Hoe langer je chant en hoe vaker je chant, hoe beter je je leven kunt transformeren.

Het is ook belangrijk dat we dienstbaar zijn. We moeten in actie komen om te dienen. We moeten alle negativiteit in onze activiteiten, gedragingen, spraak en gedachten omzetten in positiviteit. We moeten aan allerlei vormen van humanitaire dienstverlening doen.

Vergevingsbeoefening en dienstbaarheid zijn van cruciaal belang om onze negatieve informatie om te zetten in positieve informatie. Dienstbaar zijn is de hoogste spirituele beoefening. Dienstbaar zijn is de hoogste methode en poort om terug te keren naar Tao. In één zin gezegd:

Het doel van het leven is dienen, dat is Xing Shan Ji De (*vriendelijke dingen doen, deugd verzamelen*) via shen kou yi (*daden en gedrag, spraak, gedachten*), om negatieve jing qi shen te transformeren in positieve jing qi shen in elk aspect van het leven en om uiteindelijk een heilige of een boeddha te worden en Tao te bereiken.

Wij wensen dat iedere lezer, ieder mens op Moeder Aarde en iedere ziel op ontelbare planeten, sterren, sterrenstelsels en universa zoveel mogelijk aan vergevingsbeoefening en dienstbaarheid doet. De voordelen voor jezelf, voor de mensheid, voor Moeder Aarde en voor alle zielen zouden van onschatbare waarde zijn.

Denk aan een gebied of een paar gebieden in je leven die je zou willen verbeteren. Ga na welke karmische lessen je kunt leren uit je uitdagingen. Bied in je hart je diepe verontschuldigingen aan voor de fouten die je voorouders en jij in dit opzicht hebben gemaakt. Vraag oprecht om vergeving. Leer de lessen en transformeer je gedachten, gevoelens, spraak en alle handelingen. Dien anderen onvoorwaardelijk. Op deze manier kun je je uitdagingen snel overwinnen.

Universele Wet van Universele Dienstbaarheid

In april 2003 gaf ik (Master Sha) een Power Healing workshop voor ongeveer honderd mensen in het Land van Medicine Buddha in Soquel, Californië. Terwijl ik lesgaf, verscheen de Divine. Ik zei tegen de studenten: "De Divine is hier. Kunnen jullie me een moment geven?" Ik knielde en boog naar de grond om de Divine te eren. (Toen ik zes was, leerde ik buigen voor mijn tai chi meester. Toen ik tien was, boog ik voor mijn qi gong meester. Toen ik twaalf was, boog ik voor mijn kung fu meester. Omdat ik Chinees ben, heb ik deze beleefdheid mijn hele jeugd geleerd). Ik legde aan de studenten uit: "Begrijp alsjeblieft dat dit de manier is waarop ik de Divine, mijn spirituele vaders en mijn spirituele moeders eer. Nu zal ik een gesprek hebben met de Divine."

Ik begon met in stilte te zeggen: "Lieve Divine, ik ben zeer vereerd dat u hier bent."

De Divine, die zich boven mijn hoofd voor mij bevond, antwoordde: "Zhi Gang, ik kom vandaag een spirituele wet aan je overbrengen. Deze spirituele wet wordt de Universele Wet van Universele Dienstbaarheid genoemd. Het is een van de hoogste spirituele wetten in het universum. Hij geldt voor de spirituele wereld en de fysieke wereld."

De Divine wees naar de Divine. "Ik ben een universele dienaar." De Divine wees naar mij. "Jij bent een universele dienaar." De Divine zwaaide met zijn hand over het publiek. "Alles en iedereen is een universele dienaar. Een universele dienaar biedt onvoorwaardelijke universele dienstbaarheid. Universele dienstbaarheid omvat universele liefde, vergeving, vrede, healing, zegening, harmonie en verlichting."

De Divine legde uit, "Als men een kleine dienst bewijst, ontvangt men een kleine zegening van het universum en van mij. Als men meer dienstbaar is, ontvangt men meer zegening. Als men onvoorwaardelijk dienstbaar is, ontvangt men onbeperkte zegening."

De Divine pauzeerde even voordat hij verder ging. "Er is nog een ander soort dienstbaarheid, namelijk onaangename diensten. Onaangename diensten omvat doden, schaden, misbruik maken van anderen, bedriegen, stelen, klagen, en meer. Als men kleine onplezierige diensten bewijst, leert men kleine lessen van het universum en van mij. Als men meer onplezierige diensten bewijst, leert men meer lessen. Als men grote onplezierige diensten bewijst, leert men grote lessen."

Ik vroeg, "Wat voor lessen kan men leren?"

De Divine antwoordde: "De lessen omvatten ziekte, ongelukken, verwondingen, financiële uitdagingen, verbroken relaties, emotionele onevenwichtigheden, mentale verwarring en wanorde." De Divine benadrukte: "Dit is hoe het universum werkt. Dit is een van mijn belangrijkste spirituele wetten voor alle zielen in het universum om te volgen."

Ik vroeg de Divine: "Lieve Divine, is uw universele wet de wet van karma?"

De Divine antwoordde, "Precies."

Ik legde onmiddellijk een stille belofte af aan de Divine:

Lieve Divine,

Ik ben zeer vereerd om uw Wet van Universele Dienstbaarheid te ontvangen. Ik doe een belofte aan u, aan de hele mensheid en aan alle zielen in alle universa dat ik een onvoorwaardelijke universele dienaar zal zijn. Ik zal mijn totale GOLD geven (dankbaarheid, gehoorzaamheid, loyaliteit, toewijding) aan u en aan het dienen van u. Ik ben vereerd om uw dienaar te zijn en een dienaar van de hele mensheid en alle zielen.

Ik ontving de Universele Wet van Universele Dienstbaarheid, die de Wet van Karma is. Ik legde een belofte af om onvoorwaardelijk te dienen. De Divine gaf mij de eer om de Divine karmareiniging aan te bieden in juli 2003. Tao gaf mij de eer om Tao karmareiniging aan te bieden in 2008. Bijna elf jaar lang, tot eind 2013, heb ik de aan mensheid de Divine en Tao karmareiniging aangeboden. Er zijn zoveel hartverwarmende en ontroerende verhalen van mijn dienstbaarheid met Divine en Tao karmareiniging. Ik heb bijna honderdvijftig gevorderde studenten opgeleid en bekrachtigd om Divine en Tao diensten aan te bieden.

Wet van Tao
Yin Yang Creatie

WAAR KOMT ALLES en iedereen vandaan? Hoe wordt alles en iedereen gecreëerd? Wat is ruimte en tijd? Sommigen van jullie hebben deze vragen misschien al vanaf je kindertijd gesteld.

Inzicht in de geheimen van de schepping behoort tot de hoogste wijsheid, kennis en verlichting waar een mens ooit van zou kunnen dromen. Deze wijsheid en kennis zullen ons niet alleen in staat stellen om krachtige manifesteerders te worden; wat belangrijker is, het is essentieel om ons te bevrijden van illusie, lijden, beperking, gebrek, onwetendheid en gebondenheid. Deze wijsheid is de poort naar een hoger niveau van bewustzijn en verlichting. Het is de sleutel om voorbij leven en dood te gaan en onsterfelijkheid te bereiken. In dit hoofdstuk hebben wij de eer om een andere fundamentele wet van de Tao wetenschap vrij te geven, de Wet van Tao Yin Yang Creatie. Deze universele wet verklaart de fundamentele geheimen van de schepping.

De Wet van Tao Yin Yang Creatie omvat twee basisbegrippen: Tao en yin yang. Tao is leegte. Het is de Bron. Het is de Schepper van alles en iedereen. Yin yang is een dualiteitspaar. Iedereen en alles wat door Tao is gecreëerd, bestaat uit yin en yang. In feite legt Tao Normale Creatie uit dat het eerste wat Tao Eenheid creëerde Twee was, dat zijn Hemel en Aarde, yang en yin. De Wet van Tao Yin Yang Creatie legt uit *hoe* alles en iedereen gecreëerd wordt. Tao Normale Creatie en Tao Terugkerende Creatie, die we in hoofdstuk zeven hebben besproken, onthullen het creatieproces op de meest eenvoudige, diepe en allesomvattende manier.

Wij hebben een spiritueel begrip van Tao en het Tao creatieproces gepresenteerd. Kunnen wij dit wetenschappelijk en mathematisch verklaren en begrijpen?

Wiskunde is de universele taal van de geest. Wanneer we iets wiskundig kunnen beschrijven, dan is onze geest, althans in principiële zin, tot een volledig begrip ervan gekomen. Onze geest krijgt het vermogen om het te creëren en te transformeren. De natuurkunde is krachtig omdat zij wiskundige formules gebruikt om de wereld te beschrijven. Daarom heeft zij een groot vermogen om de wereld te creëren en te transformeren. Het gebruik van wiskunde om de waarheid van de schepping tot uitdrukking te brengen is een van de hoogste dromen die iemand ooit zou kunnen hebben.

De Wet van Tao Yin Yang Creatie helpt ons de natuurkundige theorie te formuleren over hoe ons universum is ontstaan. Dit vereist een diep begrip van ruimte en tijd, zelfs dieper dan dat van Einstein. Het inzicht van de Wet van Tao Yin Yang Creatie helpt ons een dieper begrip te krijgen van ruimte en tijd, en dit stelt ons op zijn beurt in staat de natuurkundige theorie over de schepping af te leiden. Onze resultaten zouden de mensheid in haar diepste kern kunnen doen ontwaken.

Essentie van Yin Yang

Wat is de oorzaak van schepping, verandering, geboorte, groei, ontwikkeling en dood? Hoe creëert Tao alle mogelijkheden, oneindige informatie, oneindige energie en oneindige materie? De Wet van Tao Yin Yang Creatie beantwoordt deze vragen.

Tao is leegte. Het is de Bron en Schepper van alles en iedereen. Tao creëert yin yang. De wisselwerking tussen Tao, yin en yang creëert alles en iedereen.

Alles en iedereen kan worden verdeeld in yin en yang componenten. Yin en yang zijn tegengesteld, verwant, gezamenlijk gecreëerd, onafscheidelijk en uitwisselbaar. Yin en yang omvatten alles en iedereen.

Volgens de Wet van Tao Yin Yang Creatie, vertegenwoordigen yin en yang twee tegengestelde aspecten die in alles en iedereen bestaan. Yin vertegenwoordigt het aspect dat de aard heeft van water—koel, passief, donker, samentrekkend, vrouwelijk en neergaand. Yang vertegenwoordigt het aspect dat de aard heeft van vuur—heet, actief, helder, uitdijend, mannelijk en opstijgend.

De relatie tussen yin en yang omvat de volgende vier belangrijke kenmerken:

Yin en yang zijn tegengesteld en relatief

Yin en yang zijn tweevoudig en tegengesteld. Ze zijn echter relatief, niet absoluut, want wat yin is ten opzichte van het één kan yang zijn ten opzichte van het ander en omgekeerd. Bijvoorbeeld, beweging en stilte zijn een yin-yang paar. Ze zijn tegengesteld maar ook relatief. Een auto kan stil lijken voor jou, maar voor een andere persoon die zich verwijdert, kan de auto lijken te bewegen. Tussen de ziel en het hart is de ziel yang en het hart yin, omdat de ziel informatie doorgeeft (een actieve functie) en het hart ontvangt (een passieve functie). Echter, tussen het hart en de geest is het hart yang en de geest yin. Het hart geeft de informatie door aan de geest, die het ontvangt.

Yin en yang zijn onafscheidelijk en van elkaar afhankelijk

Yin kan niet bestaan zonder yang. Yang kan niet bestaan zonder yin. Het bestaan van de een is afhankelijk van de ander.

Yin en yang worden gezamenlijk gecreëerd

Wanneer yin wordt gecreëerd, wordt yang tegelijkertijd en automatisch gecreëerd. Wanneer yang wordt gecreëerd, wordt yin tegelijkertijd en automatisch gecreëerd.

De interactie van yin en yang creëert alles en iedereen

De wisselwerking van yin en yang is de oorzaak van alle creaties en veranderingen. Tao Normale Creatie zegt dit op de meest eenvoudige manier: *Twee creëert Drie. Drie creëert alle dingen.*

Het basisboek, de bron van de traditionele Chinese geneeskunde, de *Gele Keizer's Interne Klassieker*, zegt: "Yin yang is het universele principe. Het is de fundamentele wet die door alles en iedereen wordt gevolgd. Het is de oorsprong van alle veranderingen. Het is de oorzaak van geboorte en dood. Het is de reden van alle creatie."

Tao Yin Yang Creatie van alles

Volgens de Tao wijsheid, is Tao leegte. Tao creëert alles en iedereen via het proces van Tao Normale Creatie:

Tao Sheng Yi	*Tao creëert één*
Yi Sheng Er	*Een creëert Twee*
Er Sheng San	*Twee creëert Drie*
San Sheng Wan Wu	*Drie creëert alle dingen*

Tao is leegte. Tao is een staat van Eenheid (*Tao creëert Eén*). Wanneer de tijd rijp is, verdeelt Tao deze staat van Eenheid in een yin-yang paar (*Een creëert Twee*). Dit yin-yang paar heeft twee toestanden, yin en yang. Laten we het minteken (-) gebruiken om yin weer te geven en het plusteken (+) om yang weer te geven en een geordend paar gebruiken om de twee toestanden van dit yin-yang paar weer te geven. Elk element van dit yin-yang paar kan verder onderverdeeld worden en vier toestanden creëren: --, -+, +-, ++. Elk van deze vier toestanden kan zich verder onderverdelen en acht toestanden produceren: ---, --+, -+-, +--, -++, +-+, ++-,

+++. Dit yin-yang onderverdelingsproces kan oneindig doorgaan en oneindig veel toestanden en mogelijkheden voortbrengen. Op deze manier wordt alles en iedereen gecreëerd. Dit Tao Yin Yang Creatieproces wordt geïllustreerd in afbeelding 12:

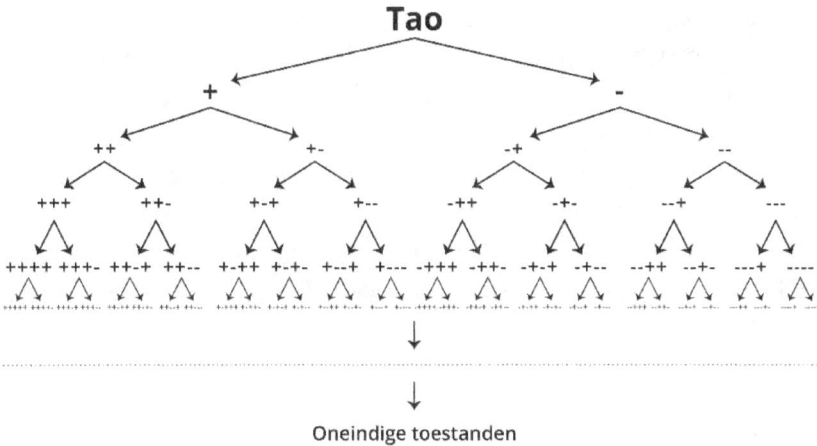

Afbeelding 12. Tao Yin Yang Creatiesproces

We kunnen onze wereld omschrijven als een yin yang wereld, omdat Tao yin-yang interactie alles en iedereen schept. Laten we nu eens onderzoeken hoe Tao yin-yang interactie alles en iedereen schept via een wiskundige formule. Kunnen we wetenschappelijk en wiskundig begrijpen hoe de fysieke werkelijkheid—ons universum—uit leegte wordt geschapen?

Wet van Tao Yin Yang Creatie en kwantumverstrengeling

De Wet van Tao Yin Yang Creatie vertelt ons dat alles en iedereen uit yin en yang bestaat en dat een yin-yang paar één stuk informatie is met twee mogelijke toestanden: yin en yang. Deze twee mogelijke toestanden in een yin-yang paar zijn met elkaar verbonden. Ze zijn tegengesteld, relatief, gezamenlijk gecreëerd, onafscheidelijk en van elkaar afhankelijk. De creatie en transformatie van een van beide zal onmiddellijk de andere beïnvloeden, onafhankelijk van ruimte en tijd. Daarom impliceert de Wet van Tao Yin Yang Creatie het bestaan van verschijnselen van kwantumverstrengeling.

Hoe is het universum ontstaan?

De kwantumfysica vertelt ons dat onze fysieke werkelijkheid wordt gemanifesteerd door onze eigen observatie. Waarneming wordt in de kwantumfysica meting genoemd. Het wordt uitgevoerd door middel van een detector of detectoren. Een detector is een instrument dat trillingen opvangt en de veranderingen registreert nadat het de trillingen heeft geabsorbeerd. De detectoren die we gebruiken en waar en hoe we deze detectoren plaatsen, bepalen de kwantumver-schijnselen die we waarnemen. Onze primaire detectoren zijn onze ziel, hart en geest. Onze ziel, hart en geest bepalen de fysieke werke-lijkheid die we manifesteren.

Hoe is ons universum gemanifesteerd vanuit Tao? Om deze vraag te beantwoorden, moeten we eerst twee belangrijke concepten begrij-pen: ruimte en tijd. Zoals je zult ontdekken, houdt de manifestatie van ons universum nauw verband met de mysteries van ruimte en tijd.

Wat zijn ruimte en tijd?

Ruimte en tijd zijn de twee mysteries die door alle mensen in alle culturen, tradities, ideologieën, filosofieën en wetenschappen in de geschiedenis zijn onderzocht. Ruimte en tijd hebben vele lagen van betekenis en toepassingen.

In de zeventiende eeuw kwam het begrip van ruimte en tijd naar vo-ren als een centraal punt in de vooruitgang van de wetenschap. Er waren twee tegengestelde theorieën over ruimte en tijd. De ene ge-loofde dat ruimte en tijd niet bestaan. Zij zijn niet meer dan een ver-zameling en een geïdealiseerde abstractie van de relaties tussen voorwerpen en gebeurtenissen.

De andere theorie ging ervan uit dat ruimte en tijd absoluut zijn in de zin dat zij permanent zijn en onafhankelijk van het bestaan van materie. De Newtoniaanse mechanica accepteert het bestaan van absolute ruimte en tijd als fundamentele beginselen.

In de achttiende eeuw ontwikkelde de Duitse filosoof Immanuel Kant de kennistheorie. Kant kwam tot het inzicht dat ruimte en tijd geen objectieve kenmerken van de wereld zijn. In plaats daarvan zijn ruimte en tijd een kader dat wij gebruiken om onze ervaringen te ordenen.

In de twintigste eeuw ontdekte Einstein dat ruimte en tijd relatief zijn en met elkaar verbonden. Ruimte en tijd worden twee verschillende aspecten van één entiteit, de ruimtetijd. Met de introductie van het zwaartekracht-veld in zijn algemene relativiteitstheorie, ontdekte Einstein dat de ruimtetijd afhankelijk is van materie, hetgeen in tegenspraak is met Newtons concept van absolute ruimtetijd.

De kwantumfysica stelt zowel Newtons als Einsteins concepten over ruimte en tijd op de meest indrukwekkende wijze ter discussie. Kwantumverschijnselen tarten Einsteins aanname dat de overdracht van informatie niet sneller kan gaan dan de snelheid van het licht. Verschijnselen van kwantumverstrengeling bieden een manier om informatie onmiddellijk over te dragen.

De kwantumfysica betwist ook onze normale ideeën over ruimte en tijd op een diepgaande manier. Zo blijkt uit kwantumverschijnselen dat we tijd en energie niet tegelijkertijd met volledige nauwkeurigheid kunnen meten.

In ons recent onderzoek hebben wij ontdekt dat er een onzekerheidsrelatie bestaat met betrekking tot ruimte en tijd. Deze onzekerheidsrelatie geeft aan dat we ruimte en tijd niet simultaan kunnen meten met volledige nauwkeurigheid. Er is ruimte nodig om de tijd te meten en er is tijd nodig om de ruimte te meten.

Een metafysisch begrip van kwantum-ruimtetijd ontbreekt nog in de kwantumfysica. In de Tao wetenschap is het voor het creëren van de Grote Eenwordingstheorie—de theorie van alles—van cruciaal en essentieel belang om je de diepste betekenis en de meest diepgaande toepassing over ruimte en tijd te realiseren.

In de Tao wetenschap is het meten van ruimte en tijd geen triviale handeling. Het is niet eenvoudigweg een getal toekennen aan een liniaal, een klok of een gebeurtenis. Zoals we in hoofdstuk drie hebben laten zien, is het waarnemings- en meetproces een bepalende factor voor wat er wordt waargenomen. Het is in feite een deel van het proces dat de verschijnselen creëert die wij waarnemen. De kwantumfysica vertelt ons dat de verschijnselen die wij waarnemen in feite door onze eigen handelingen tot stand worden gebracht. Dit is een revolutionaire openbaring. De meeste natuurkundigen en wetenschappers hebben niet genoeg aandacht besteed aan de implicaties van deze openbaring. Deels omdat het te radicaal voor hen is om te aanvaarden en deels omdat een volledig begrip van deze diepgaande openbaring een hoger niveau van bewustzijn vereist. Het kostte de Boeddha vele levens van toegewijd nastreven van de waarheid om het diepe besef te bereiken dat de fysieke werkelijkheid bepaald wordt door iemands handelingen. Dit inzicht is wat de Boeddha naar zijn uiteindelijke verlichting leidde. Het is de sleutel om de oorzaak van alle lijden te begrijpen en de weg te vinden om het los te laten. Zoals we zullen laten zien, speelt de wijsheid van Tao, Boeddha en de kwantumfysica een belangrijke rol bij het vinden van de diepere betekenis en functie van ruimte en tijd.

Dr. Rulin Xiu's reis om ruimtetijd te begrijpen

Sinds mijn tweede studiejaar heb ik vele uren, dagen, maanden en jaren besteed aan het overdenken van ruimte en tijd. Filosofisch gezien was ik het eens met Kants inzicht dat ruimte en tijd een kader vormen dat we gebruiken om onze ervaring te ordenen. Dit inzicht was echter niet voldoende om mij te helpen de Grote Eenheidstheorie te creëren waarnaar ik op zoek was.

Toen Master Sha en ik werkten aan het Soul Mind Body Science System als de Grote Eenwordingstheorie, begon ik weer intensief na te denken over de betekenis van ruimte en tijd, maar ik kon nog steeds geen bevredigend inzicht verkrijgen.

In die tijd gaf ik les aan kleine groepen bij mij thuis. Op een dag bracht een van mijn studenten een andere man mee naar mijn les. Deze man legde een boek op het bureau op mijn veranda. Het was een boek over de Maya kalender. Hij vertelde me dat hij dacht dat dit boek nuttig zou zijn voor mijn onderzoek. Toen ik verder met hem sprak, hoorde ik dat hij componist was. Hij had een groot gave om prachtige muziek te ontvangen en dit op een piano te spelen, ook al had hij nooit noten leren lezen. Het voelde vreemd dat deze man, die ik nog nooit had ontmoet, op de hoogte was van mijn onderzoek. Ik had bijna niemand, ook mijn studenten niet, over mijn onderzoek verteld. Trouwens, zelfs met alle populaire aandacht voor de voorspelling van het einde van de wereld in verband met de Maya kalender, had ik nooit eerder enige interesse gehad iets te leren over de Maya kalender. Ik kon me niet voorstellen hoe dat boek ooit nuttig voor me zou kunnen zijn. Ik liet het boek op het bureau liggen zonder het te lezen.

Een paar dagen later werd ik ertoe gebracht na te denken over twee wiskundige formules uit de snaartheorie over ruimte en tijd. In de snaartheorie zijn er twee soorten ruimte en tijd: het wereldblad en de waargenomen ruimte en tijd. Het wereldblad heeft twee dimensies. Eén dimensie is ruimte. De andere dimensie is tijd. Het tweedimensionale wereldblad wordt gecreëerd door de beweging van een eendimensionale snaar in de tijd. De waargenomen ruimte en tijd is een projectie van het wereldblad. Het kan van hogere dimensies zijn, zoals 10, 11, of 26 dimensies. De waargenomen ruimte en tijd is een functie van de tijd en ruimte op het wereldblad. Uit de formules die ik bekeek bleek dat de waargenomen ruimte en tijd is opgebouwd uit allerlei cycli.

Geïntrigeerd liep ik rond in mijn huis en dacht na over de betekenis van de formules. Ik sloeg het boek over de Maya kalender open dat op de tafel lag. Tot mijn grote verbazing gaf de bladzijde die ik opensloeg mij een specifieke uitleg over de twee formules die ik probeerde te achterhalen.

Voor de oude Maya's zijn ruimte en tijd intrinsiek cyclisch. De Maya's hadden een diepgaand begrip van en diepe ervaringen met de cyclische aard van ruimte en tijd. Belangrijker nog, zij hadden een diep intuïtief begrip van de twee essentiële elementen en drijvende krachten die ons universum creëren: Hunab Ku en Kuxan Suum. Hunab Ku wordt meestal vertaald als "de ene gever van beweging en maat." Kuxan Suum betekent letterlijk "de weg naar de hemel die leidt naar de navelstreng van het universum." Maar ik was nog steeds verbaasd over hoe deze twee elementen, ruimte en tijd, ons universum creëren. Ik vond het ook moeilijk te begrijpen hoe ruimte en tijd cyclisch konden zijn en wat dat eigenlijk betekende.

Ik werd gefascineerd door de mysterieuze Maya wijsheid. Ik bestudeerde nog een aantal boeken over de Maya kalender en de Maya beschaving. Ze hielpen me een beetje, maar niet genoeg om de diepe kennis en het begrip dat de oude Maya's hadden over ruimte en tijd volledig te begrijpen.

Op een dag was ik onderweg naar een afspraak met een goede vriendin. Op een weg door een bos verschenen oude Maya's aan mij in spirituele vorm. Hun liefde en compassie vulden mijn hart. Ik kreeg er tranen van in mijn ogen. Ze vertelden me dat ze me hadden geholpen met mijn onderzoek. Ze nodigden me uit om hun piramides in Mexico te bezoeken. Mijn hart was vol dankbaarheid.

Toen ik mijn vriendin even later zag, gaf ze me een cd. Ze vertelde me dat ze, terwijl ze op me wachtte in een boekwinkel, een boodschap had ontvangen dat ze een cd met muziek voor me moest kopen. De titel van de cd was "Mexico".

Ik maakte meteen reisplannen. Binnen vier dagen reisde ik per bus door Mexico. Ik bezocht elf piramides in tien dagen, waarbij ik mezelf onderdompelde in het voelen, ervaren, communiceren met en ontvangen van oude Maya heiligen bij deze piramides. De kracht en de wijsheid die ik van hen ervaarde en leerde was werkelijk ongelooflijk. Bij elke piramide gaven oude Maya's mij een speciale ervaring en downloadden zij hun verbazingwekkende wijsheid over ruimte en tijd naar mij. Ze lieten me zien hoe ik door ruimte- en tijdportalen kon reizen en hoe ik ruimte en tijd kon overstijgen om onsterfelijk te worden. Wat deze oude Maya's met mij deelden was verbazingwekkend en enorm voedend. Het zou een ander boek vergen om te vertellen wat zij met mij deelden. Ik ben zo dankbaar voor de liefde, de steun en de bijdrage van de oude Maya's aan de Tao wetenschap en de mensheid.

Toen ik thuis deze reis voorbereidde, kreeg ik het idee om op de piramides te slapen, dus reisde ik licht, met slechts een paar kleren en een slaapzak. Ik heb wel een mooie hangmat gekocht toen ik in Cancun aankwam. De meeste piramides die ik bezocht waren nogal toeristisch. Ik moest een toegangsprijs betalen. Het was niet toegestaan om de piramides aan te raken, laat staan erop te lopen of te slapen. Er was echter één piramide die anders was dan alle andere. Het is de grootste piramide die ik bezocht. Er werd geen toegangsprijs gevraagd. En het belangrijkste, ik mocht op deze piramide lopen.

Zodra ik daar aankwam, besefte ik dat dit de plaats was die de oude Maya's formeel voor mijn bezoek hadden voorbereid. Het was interessant dat ik eigenlijk per toeval op deze plek terecht was gekomen. Nadat ik mijn bus naar een andere bestemming had gemist, vertelde een plaatselijke bewoner me over deze plek.

Hoewel het niet uitdrukkelijk werd gezegd, kreeg ik het gevoel dat iedereen in dat park mijn bezoek verwachtte. Ze verwelkomden me hartelijk met grote gastvrijheid. Het was echt hartverwarmend. Ik heb geluncht en gedineerd op de binnenplaats van een mooi huis in de buurt van de piramide. Het park was ook goed voorbereid voor mij, met slechts een paar andere mensen in de buurt. In de namiddag kwam er een jongeman aan die me vrijwillig rondleidde. Hij deelde interessante informatie over de piramide en de oude Maya's.

De piramide is spectaculair. Hij heeft tweehonderdzestig treden en dertien tempelruïnes. Elke ruïne vertegenwoordigt een maand van de Maya-kalender, die dertien maanden in een jaar heeft en twintig dagen in een maand. Ik liep elke trede op en bezocht elke tempelruïne, terwijl ik vanaf de piramide het prachtigste landschap overzag, voelde, rook, proefde en ook voelde wat elke dag, elke maand en elk jaar betekende voor de oude Maya's. De tijd stond stil en ging toen achteruit. Ik dompelde me onder en werd één met de oude Maya's.

's Avonds liep ik rond de ingang van het park om te beslissen of ik mijn hangmat op de piramide zou opzetten. Een vrouw kwam naar me toe. Ze leek te weten wat ik dacht. Ze zei dat er een camping was op de heuvel achteraan en dat ik daar kon kamperen. Ik zag dat als een teken dat ik mijn hangmat op de piramide mocht ophangen.

Uiteindelijk sliep ik die nacht op de piramide. Comfortabel liggend in mijn hangmat, in mijn warme slaapzak met mijn hoofdlamp aan, schreef ik in mijn notitieboekje de diepgaande inzichten en formules over ruimte en tijd die de oude Maya's me hielpen begrijpen.

Wat ik leerde van de oude Maya's bleek precies te zijn wat Master Sha ons geleerd had, maar dat besefte ik niet genoeg om het toe te passen op het begrijpen van ruimte en tijd. De oude Maya's hielpen me ervaren en beseffen dat de ruimte en tijd die we waarnemen ook bestaan uit jing, qi en shen, net als iedereen en al het andere. Jing is materie. Qi is energie. Shen omvat ziel, hart en geest. Ziel is de informatie. Het hart is de ontvanger van de informatie. Geest is de verwerker van de informatie. Informatie is mogelijkheden. Materie is de fysieke manifestatie. Energie is het vermogen om werk te verrichten. De jing, qi en shen van ruimte en tijd worden gedragen door het trillingsveld. Het trillingsveld bestaat uit verschillende trillingen met een veelheid aan frequenties en golflengtes. Deze verschillende trillingen zijn de verschillende cycli van ruimte en tijd. Deze cyclische aard van ruimte en tijd is het reïncarnatiegedrag van ruimte en tijd. Resonantie is de manier waarop het hart informatie ontvangt. Verschillende ruimten en verschillende tijden dragen hun eigen verschillende informatie, energie en materie. Zij maken ook deel uit van een grotere cyclus van ruimte en tijd. Synchroniciteit van gebeurtenissen in ruimte en tijd is het gevolg van een diepgaande zielsverbinding. Ik ben de oude Maya's en andere spirituele meesters en wezens dankbaar dat zij mij hebben geholpen om tot een dieper begrip van ruimte en tijd te komen.

De oude Maya's hielpen me ook begrijpen dat ruimte en tijd een yin-yang paar zijn dat betrokken is bij het creëren van het universum dat we waarnemen. De specifieke formule om dit proces te verklaren (en het verband met de snaartheorie) kwam tot me tijdens een van Master Sha's workshops. De workshops van Master Sha zijn altijd gevuld met intense positieve informatie en energie. Tijdens zijn workshops heb ik vele doorbraken en "aha!" momenten gekregen.

Met Master Sha's zegen en de hulp van oude Maya heiligen en het Tao Wetenschap Comité, realiseerde ik me dat er twee yin-yang paren betrokken zijn bij het creëren van het universum dat we waarnemen. Met dit begrip is het vrij eenvoudig om de formule op te schrijven die ons universum beschrijft. Ik was zo verbaasd over de eenvoud, de schoonheid en de kracht van deze formule. Het demonstreert zo prachtig de diepe wijsheid en kracht van de Tao Normale Creatie en de realisatie van de Boeddha.

Zoals met al het andere, wordt ons universum gemanifesteerd vanuit Tao door middel van yin-yang interactie. Ons universum wordt gemanifesteerd door de yin-yang interactie van ruimte en tijd.

Om de kwantumfysica volledig te begrijpen en de Grote Eenwordingstheorie, de "theorie van alles", tot stand te brengen, is het cruciaal en essentieel om de diepste betekenis en het meest diepgaande belang van ruimte en tijd te beseffen. In de Tao wetenschap vinden we het volgende:

In hun diepste betekenis zijn ruimte en tijd het fundamentele yin-yang paar dat ons universum manifesteert.

Tijd heeft te maken met beweging en verandering. Het is het actieve yang aspect van het yin-yang paar. Ruimte heeft betrekking op stilte en stabiliteit. Het is het passieve yin aspect van het yin-yang paar.

Ruimte en tijd hebben betrekking op twee basale menselijke handelingen. In de kwantumfysica wordt onze actie ook wel meting genoemd. De wereld die we waarnemen wordt gemanifesteerd door onze meting. In wezen zijn tijd en ruimte twee soorten meting. Tijd is de meting van verandering. Bijvoorbeeld de beweging van zand in een zandloper, het branden van wierook en de bewegingen van de zon en de maan zijn allemaal gebruikt als metingen van tijd. De duur van een dag is gebaseerd op de meting van de draaiing van de aarde om haar as. De lengte van een maanmaand is gerelateerd aan de beweging van de maan rond de aarde. Een jaar is de meting van een omwenteling van de aarde rond de zon.

Ruimte is de maat van onveranderlijkheid en stilstand. De lengte, hoogte en breedte van een voorwerp zijn de maatstaf van zijn onveranderlijkheid en stilstand.

Als yin-yang paar zijn ruimte en tijd tegengesteld, samen gecreëerd, betrekkelijk, onderling afhankelijk, onafscheidelijk en uitwisselbaar. Verandering en stilte zijn tegengestelden. Ze zijn betrekkelijk omdat iets voor jou kan lijken te veranderen, maar voor anderen stil kan lijken te zijn. Wanneer je een passagier bent in een rijdende trein, kan het landschap voor jou lijken te bewegen, maar het beweegt niet vanuit het perspectief van iemand die naast het spoor staat. Daarom zijn verandering en stilte of onveranderlijkheid onderling veranderlijk. Tijd en ruimte worden samen gecreëerd omdat we, telkens wanneer we verandering meten, moeten verwijzen naar iets onveranderlijks. Telkens als we onveranderlijkheid meten, moeten we het vergelijken met iets dat verandert. Verandering en stilstand gaan altijd samen. Ze zijn onafscheidelijk.

Er is nog een andere fundamentele maat betrokken bij de manifestatie van ons universum: inclusieve en exclusieve actie. Onze handelingen kunnen iets insluiten of iets uitsluiten. Het yin-yang paar van ruimte en tijd kan verder opgedeeld worden in vier toestanden door insluiting en uitsluiting: yin ruimte, yang ruimte, yin tijd, en yang tijd. Yin ruimte is de inclusieve ruimte. Yang ruimte is de exclusieve ruimte. Yin tijd is de inclusieve tijd. Yang tijd is de exclusieve tijd. Zie afbeelding 13.

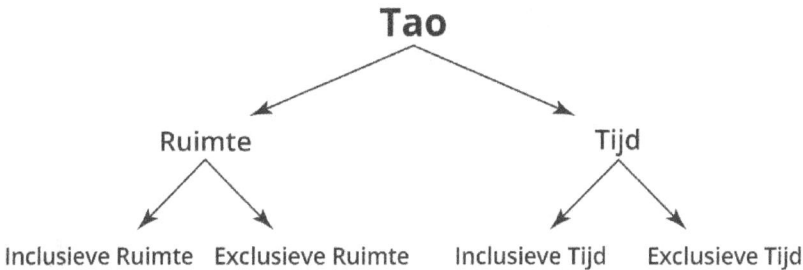

Tao

Ruimte   Tijd

Inclusieve Ruimte Exclusieve Ruimte   Inclusieve Tijd   Exclusieve Tijd

Afbeelding 13. Tao creatie van ruimtetijd

Laten we onze acties eens nader bekijken. We ontdekken dat alle metingen gebaseerd zijn op ruimtetijdmeting en inclusief-exclusieve meting. De meting van snelheid, versnelling, energie, momentum, temperatuur, spin, elektriciteit, magnetisch veld, massa, lading, kracht, enzovoort zijn allemaal variaties van ruimtetijdmeting en in-clusief-exclusieve meting. Om bijvoorbeeld massa te meten met een balans, zetten we de te meten materie aan de ene kant van de balans en materie met bekende massa aan de andere kant. Wanneer beide zijden van de balans volledig in evenwicht zijn, weten we dat de twee zijden een volledig gelijke massa hebben. Op deze manier wordt de onbekende massa gemeten. In dit meetproces wordt ruim-tetijdmeting gebruikt om er zeker van te zijn dat de twee armen van de balans gelijk en stil zijn. Inclusief-exclusief meten wordt toegepast wanneer we bekende massa's toevoegen aan één kant van de balans.

In één zin: alle metingen zijn variaties en combinaties van ruimtetijd-meting en inclusief-exclusieve meting. Wij concluderen dat deze twee metingen de fundamentele yin-yang interacties zijn die ons uni-versum manifesteren.

Manifestatie van het universum door Yin-Yang interactie

Om te zien hoe de yin-yang interactie ons universum mathematisch creëert, moeten we de mathematische actie opschrijven die door de yin-yang interactie wordt gecreëerd. In de natuurkunde is actie een dynamische grootheid die de eigenschap van een systeem bepaalt. In de klassieke natuurkunde bijvoorbeeld kunnen we de vergelijkingen van de beweging en ander gedrag van een systeem bepalen als we de actie ervan kennen. In de kwantumfysica kunnen wij uit de actie van een systeem zijn golffunctie berekenen. De golffunctie beschrijft alle trillingen in het trillingsveld. Uit het trillingsveld kunnen wij de informatie, energie en materie in een systeem afleiden.

De eenvoudigste actie die ontstaat door de interactie van het ruimte-tijd yin-yang paar is het product van ruimte en tijd. Het kan eenvou-dig worden beschreven als:

Actie = Tijd x Ruimte

Als we een snaar beschouwen als een eendimensionale ruimte, beschrijft deze eenvoudige actie een snaar die beweegt in de tijd. Voor degenen die bekend zijn met de snaartheorie, is dit de actie die ten grondslag ligt aan de snaartheorie. Zoals we in hoofdstuk twee hebben vermeld, bestudeert de snaartheorie de kwantumdynamica van een snaar. In de snaartheorie creëren de trillingen van een snaar krachten, deeltjes en meer. Het is als een viool. De snaren van de viool bengen muzieknoten voort, die overeenkomen met elementaire deeltjes, krachten en meer in de snaartheorie. De snaartheorie heeft de potentie om alle fundamentele krachten en elementaire deeltjes te verenigen. Het is de meest veelbelovende kandidaat om de Grote Eenwordingstheorie voort te brengen.

Wanneer we de eenvoudigste actie opschrijven die de interactie van zowel de ruimte-tijd als de inclusief-exclusieve metingen omvat, vinden we dat deze actie dezelfde is als de actie die de supersnaartheorie creëert. De supersnaartheorie is de uitbreiding van de snaartheorie met supersymmetrie. Supersymmetrie is de symmetrie die verschillende soorten fundamentele deeltjes verbindt en verenigt.

De supersnaartheorie wordt ook wel de M-theorie genoemd. Edward Witten en andere briljante snaartheoretici hebben aangetoond dat alle natuurkundige theorieën in de M-theorie zijn opgenomen. Zo kan bijvoorbeeld de algemene relativiteit worden afgeleid uit de M-theorie. Alle fundamentele krachten en elementaire deeltjes zijn ook opgenomen in de supersnaar theorie. M-theorie omvat alle huidige natuurkundige theorieën.

M-theorie heeft een groot potentieel om de grote eenheidstheorie te zijn die alles en iedereen kan verklaren. Zij heeft echter moeite om veel toetsbare voorspellingen te doen. Er ontbreekt nog steeds iets in de huidige M-theorie.

Tao wetenschap omvat snaartheorie en M-theorie, maar het vertelt ons veel meer over ons universum dan snaartheorie en M-theorie kunnen. Met de hierboven verkregen actie van de yin-yang interactie, kunnen we de golffunctie opschrijven die door deze actie wordt gecreëerd. Om de golffunctie te berekenen die door deze actie wordt gecreëerd, moeten alle mogelijke toestanden die door de actie worden gecreëerd, worden opgeteld. Wij vinden dat deze golffunctie de golffunctie van ons universum zou kunnen zijn, omdat zij ons alle mogelijke informatie, energie en materie vertelt, alsmede de grootschalige structuur van het universum. Zij vertelt ons ook hoe ons universum is ontstaan, hoe het zich ontwikkelt en wat zijn bestemming is.

Voor lezers die zich verder willen verdiepen in deze wiskundige afleiding, verwijzen wij naar onze onderzoeksverslagen in de bibliografie op blz. 253.

Volgens oude spirituele wijsheid creëert Tao Hemel en Aarde. De wisselwerking tussen Hemel en Aarde creëert alles en iedereen, d.w.z. ons universum. Als we tijd beschouwen als Hemel en ruimte als Aarde, bevestigt de Tao wetenschap deze oude spirituele wijsheid mathematisch.

Een van de grootste successen van de Tao wetenschap is haar vermogen om de golffunctie van het universum te beschrijven vanuit fundamentele principes. Hoewel het vrij eenvoudig is om de formule voor de golffunctie van het universum op te stellen, is het een andere zaak om deze te berekenen. Maar zelfs zonder deze formule volledig te berekenen, kunnen wij er een aantal verbazingwekkende resultaten uit afleiden. In ons onderzoek hebben wij enkele opmerkelijke resultaten laten zien die zijn afgeleid van de golffunctie van ons universum.

Nu zullen wij met je delen wat wij hebben gevonden over hoe ons heelal is ontstaan, de drijvende kracht achter de uitdijing van ons heelal, de bron van donkere energie en donkere materie en andere eigenschappen van ons heelal.

Onze afleiding van de golffunctie van ons universum toont de oorsprong van ons universum aan:

**De yin-yang interactie van ruimte en tijd
manifesteert ons universum vanuit Tao, wat leegte is.**

Tao creëert en omvat alle mogelijkheden. Onze yin-yang actie bepaalt welke mogelijkheid of mogelijkheden vanuit Tao gemanifesteerd worden.

Zijn er meer universa?

Is ons waargenomen universum het enige bestaande universum? Zijn er meer universa? Onze formule van de golffunctie van ons universum onthult mathematisch ontelbare mogelijke universa die gelijktijdig bestaan. Ons universum bevat in feite vele mogelijkheden. Het bestaat gelijktijdig in al deze mogelijkheden. In die zin bestaan wij in meerdere universa.

Hoe wordt ons specifieke universum gemanifesteerd? Ons specifieke universum wordt gemanifesteerd door onze handelingen. Ieder van ons helpt ons universum vorm te geven. Dit is hoe belangrijk en krachtig we zijn. Wij beïnvloeden het hele universum en vele universa!

In de kosmologie, astrofysica, religie, filosofie, psychologie en literatuur, met name in science fiction en fantasy wordt uitgegaan van meervoudige universums. Zij worden ook parallelle universums, multiversums, meta-universums, alternatieve kwantumuniversums, parallelle werelden, alternatieve werkelijkheden, alternatieve tijdlijnen, interpenetrerende dimensies of dimensionale vlakken genoemd. Natuurkundigen stellen het multiversum voor om een aantal onopgeloste problemen in de kosmologie, waaronder het probleem van de kosmologische constante, te helpen oplossen. Hun voorstel voor het multiversum is echter arbitrair. Het is ad hoc, om zo te zeggen. In de Tao wetenschap kunnen wij de wiskundige formule voor het multiversum afleiden uit de Wet van Tao Yin Yang Creatie.

Het uitdijende heelal, donkere energie en donkere materie

Waarnemingen in de astrofysica wijzen erop dat ons heelal niet alleen uitdijt, maar dat deze uitdijing ook nog eens versnelt. Dit zegt ons dat er een energiebron moet zijn die deze uitdijing aandrijft.

Wat is deze energiebron? Op dit moment is het een compleet mysterie voor natuurkundigen. Hoewel fysici de bron van deze energie niet kunnen identificeren of verklaren, hebben zij haar *donkere energie* genoemd. Zij kunnen schatten hoeveel donkere energie er bestaat uit de versnelling van de uitdijing van het heelal. Het blijkt dat meer dan tweederde, ruwweg achtenzestig procent, van het heelal uit donkere energie bestaat.

Bovendien ontdekten wetenschappers dat zij het concept van *donkere materie* moesten introduceren om de grootschalige structuren in het heelal te verklaren. Onder donkere materie verstaan wetenschappers materie met een massa die niet kan worden verklaard door enige bekende materie, zoals elektronen, fotonen, atomen, moleculen, planeten, sterren, sterrenstelsels, interstellair medium, zwarte gaten, witte gaten, antimaterie, intergalactisch stof en meer. Zij hebben geëxtrapoleerd dat donkere materie ongeveer zevenentwintig procent uitmaakt van ons universum.

Naar schatting bestaat minder dan vijf procent van het heelal uit de materie en energie die wij kennen.

Wat zou deze "donkere energie" kunnen zijn? De meest eenvoudig mogelijke bron van donkere energie is vacuümenergie. In de kosmologie wordt dit de kosmologische constante genoemd. Einstein introduceerde deze term voor het eerst in een van zijn vergelijkingen. De kosmologische constante is een term die voorkomt in Einsteins vergelijking die afkomstig is van de energie van het vacuüm.

Zoals wij in hoofdstuk zeven hebben vermeld, is in de kwantumfysica de leegte of een vacuüm niet het niets. In de leegte komen en gaan trillingen. Binnen de leegte is er informatie, energie en materie.

Wanneer men echter de huidige kwantumtheorie gebruikt om deze energie te berekenen, blijkt deze 10^{120} maal groter te zijn dan de huidige meting van de totale energie van het heelal, inclusief donkere materie en donkere energie. Deze discrepantie wordt wel "de slechtste theoretische voorspelling in de geschiedenis van de fysica" genoemd. Dit is het beroemde probleem van de kosmologische constante in de natuurkunde.

Uit de golffunctie van ons universum die wij hebben afgeleid, blijkt dat er trillingen bestaan die zeer fijn zijn. Ze zijn ook zeer donker in de zin dat het zeer moeilijk is ze te detecteren. In feite zou het de levensduur van het gehele universum of een detector zo groot als ons universum vergen om sommige van deze trillingen waar te nemen. Het bestaan van deze trillingen in de golffunctie van het heelal verklaart het bestaan van donkere energie en donkere materie.

Uit de golffunctie van ons heelal kunnen we de vacuümenergie van ons heelal schatten. Onze berekening[11] komt overeen met de huidige experimentele gegevens over donkere energie.

Ons onderzoek toont ons aan dat Tao, ware leegte, de Bron is. De energie die ons universum ontvangt van Tao wordt bepaald door de yin-yang acties. Deze energie is vrij beperkt. Niettemin is zij voldoende om de voortdurende en versnelde expansie van ons universum voort te stuwen.

Ons universum is een holografische projectie

Er zijn twee soorten ruimtetijd. De ene is het ruimtetijd yin-yang paar dat voortkomt uit yin-yang actie zoals we eerder in dit hoofdstuk hebben uitgelegd. Het zijn de yin yang elementen die ons universum

---

[11] Dr. Zhi Gang Sha en Dr. Rulin Xiu. "Dark Energy and Estimate of Cosmological Constant from String Theory" verschenen in *Journal of Astrophysics & Aerospace Technology*, 5 (1): 141, May 2017.

manifesteren. We kunnen deze ruimtetijd *interne ruimtetijd* noemen. In de snaartheorie wordt interne ruimtetijd wereldblad genoemd.

De andere ruimtetijd is wat wij in ons dagelijks leven waarnemen, zoals de ruimtetijd die wordt aangegeven door onze klokken en de afstand tussen onze huizen en kantoren. Laten we deze ruimtetijd *externe ruimtetijd* noemen. Uit de golffunctie van het heelal kunnen wij afleiden dat de externe ruimtetijd en alle waargenomen deeltjes en krachten een projectie zijn van de interne ruimtetijd.

Interne ruimtetijd heeft een interessante eigenschap. Als we hem uitrekken of samenpersen, heeft dat geen invloed op de verschijnselen die we in de uitwendige ruimtetijd waarnemen. Met andere woorden, interne ruimtetijd is een hologram. Dit hologram bevat alle informatie over ons universum. Ons universum is een projectie van dit hologram.

De wijsheid dat ons universum een hologram is, is al millennia lang bekend in vele culturen en tradities. Het is prachtig om te zien dat deze oude wijsheid wetenschappelijk en mathematisch kan worden uitgelegd in de Tao wetenschap.

Het feit dat onze waargenomen ruimte en tijd een projectie is van een hologram heeft grote gevolgen. Snaartheoretici hebben bijvoorbeeld een prachtig wiskundig resultaat ontdekt. Zij hebben ontdekt dat zowel de klassieke bewegingsvergelijkingen als de algemene relativiteit van Einstein uit de snaartheorie kunnen worden afgeleid, omdat ons universum een projectie is van een hologram.

In de Tao wetenschap bestaat ons universum uit vele mogelijkheden. In de myriade van het multiversum verandert onze wereld voortdurend en snel, afhankelijk van onze gevoelens, gedachten en handelingen. Wanneer we bijvoorbeeld gelukkig en blij zijn, verbinden we ons met een vreugdevol veld in het universum en manifesteren we dit. In de kwantumwetenschap begrijpen we dat kwantumverstrengeling een eigenschap van kwantumvelden is. In de Tao wetenschap hebben we ontdekt dat kwantumverstrengeling kan worden verdeeld in positieve kwantumverstrengeling en negatieve kwantumverstrengeling. Een vreugdevol veld is positieve kwantumverstrengeling. Positieve kwantumverstrengeling draagt positieve informatie, energie en materie in zich.

Als wij van streek zijn, verbinden wij ons met het "verstoorde veld" in het universum, wat negatieve kwantumverstrengeling is die negatieve informatie, energie en materie bevat.

In de Tao wetenschap daarentegen veranderen bepaalde dingen niet, zelfs wanneer wij in een andere stemming zijn, andere gedachten hebben, ons op andere plaatsen bevinden en andere handelingen verrichten, omdat ons universum een projectie is van het hologram. De onveranderlijke grootheden vormen de wetten en de fundamentele deeltjes en krachten die we waarnemen.

Ruimte- en tijdcycli en reïncarnatie

De cyclus van geboorte, groei, veroudering en dood is een natuurlijke wet in de yin yang wereld.

Alles en iedereen in ons universum is een trillingsveld dat bestaat uit verschillende trillingen. Elke trilling trilt op zijn eigen frequentie en golflengte. Deze trillingen vormen zeer uiteenlopende tijdcycli (tijdsperiode of frequentie) en ruimtecycli (golflengte) in onze waargenomen ruimte en tijd. De tijdcycli worden uitgedrukt in perioden en frequenties. Een periode is de tijd die nodig is om één oscillatie te voltooien. De frequentie geeft aan hoe snel een cyclus oscilleert. De golflengte meet de grootte van een cyclus. De golflengte is de afstand tussen de pieken van twee naast elkaar gelegen oscillaties.

Er bestaan ontelbare ruimte- en tijdcycli in ons universum. Sommige zijn te klein om waargenomen te worden. Sommige zijn te groot om te worden opgemerkt. De trillingen met hoge frequenties en korte golflengten zijn kleine tijd- en ruimtecycli. Zij vormen de microscopische wereld. Het zijn de verschijnselen die verband houden met licht, elektronen, quarks en meer. De trillingen die zeer lange tijdcycli en ruimtecycli hebben, vormen de macroscopische wereld, met inbegrip van planeten, zonnestelsels, sterren, sterrenstelsels en universa.

Ruimte en tijd zijn in wezen cyclisch. Wij ervaren de cycli van ruimte en tijd op elk moment. Verschillende kleuren licht hebben verschillende cycli van ruimte en tijd. Bijvoorbeeld, de kleur rood heeft typisch frequenties tussen 400 en 484 THz (THz staat voor terahertz, dat is een frequentie van 10^{12} per seconde). De golflengte ligt tussen 620 en 750 nm (nm is één nanometer, dat is 10^{-9} meter). Groen licht heeft frequenties tussen 526 en 606 THz en een golflengte tussen 495 en 570 nm. Röntgenstralen hebben een golflengte van 0,01 tot 10 nanometer, wat overeenkomt met frequenties in het bereik van 30 petahertz (10^{16} Hz) tot 30 exahertz (10^{19} Hz). Infrarood licht heeft een golflengte die varieert van 700 nanometer (frequentie 430 THz) tot 1.000.000 nanometer (frequentie 300 GHz).

De draaiing van de aarde om haar as creëert onze cyclus van dagen. De omwenteling van de maan om de aarde vormt de cyclus van maan-maanden. De omwentelingen van de aarde rond de zon creëren de cyclus van jaren. Het zonnestelsel draait om het centrum van het melkwegstelsel. Hierdoor ontstaat het galactisch jaar, ook wel kosmisch jaar genoemd. Een kosmisch jaar duurt 225 miljoen aardse jaren.

Onze wereld is opgebouwd uit verschillende ruimte- en tijdcycli. De ruimtecyclus creëert zich herhalende patronen in de natuur. Tijdcycli zijn reïncarnatie in de tijd. Een dag reïncarneert, dag na dag. Een maand reïncarneert, maand na maand. Een jaar reïncarneert, jaar na jaar.

Reïncarnatie in de tijd is een fundamenteel natuurlijk verschijnsel. Alles reïncarneert op verschillende niveaus. Licht reïncarneert. Atomen reïncarneren. Mensen reïncarneren. Moeder Aarde reïncarneert. De hemel reïncarneert. Universa reïncarneren.

Een mens bevat ontelbare verschillende trillingen met verschillende tijdcycli. De reïncarnatie van een mens is veel gecompliceerder dan de minutenwijzer van een horloge die elk uur opnieuw ronddraait. De reïncarnatie van een mens wordt bepaald door alle informatie, energie en materie in iemands trillingsveld. Het wordt bepaald door iemands karma. Karma is de dienst die je voorouders en jijzelf in het verleden hebben verleend.

Reïncarnatie van tijd is een natuurlijk en universeel fenomeen in de yin yang wereld.

De oude Maya's begrepen de cycli van ruimte en tijd, en het fenomeen van reïncarnatie van tijd. Zij waren zich zeer bewust van de grote hemelse cycli met betrekking tot tijd en ruimte. Zij wisten hoe deze hemelse cycli elk mens en zelfs de geschiedenis van de mensheid beïnvloeden. De Maya kalender beschrijft enkele van deze tijdcycli. De Maya kalender onthult ons niet alleen hoe sommige van deze cycli onze beschaving, onze samenleving en ons leven beïnvloeden, maar ook hoe wij deze cycli voor ons welzijn kunnen gebruiken. Het leren kennen en gebruiken van deze verschillende cycli is grote wijsheid. Het kan leiden tot grote kracht voor creatie en manifestatie.

I Ching en Tao wetenschap

De *I Ching* of *Het Boek der Veranderingen* is de oudste nog bestaande klassieke Chinese tekst. Het onthult het universele programma dat bestaat in ons universum en in alles en iedereen. De Ba Gua (*acht symbolen*) bevat de fundamentele bouwstenen voor alle mogelijke veranderingen in het universum.

De Duitse wetenschapper, Dr. Martin Schönberger, ontdekte een verbazingwekkende overeenkomst tussen de genetische code van het leven en *de I Ching*. In zijn boek *The I Ching and the Genetic Code: The Hidden Key to Life* (Vert.: *De I Ching en de Genetische Code: De verborgen sleutel tot het leven*), wijst Dr. Schönberger erop dat de genetische code van het leven is opgeslagen in een yin-yang paar, de dubbele helix van DNA. Vier letters worden gebruikt om de dubbele helix te labelen. Drie van deze letters vormen tegelijk een codewoord voor eiwitsynthese. Tot op heden zijn vierenzestig van deze tripletten onderzocht op hun eigenschappen en informatieve "kracht". Eén of meer tripletten programmeren de structuur van een van de tweeëntwintig mogelijke aminozuren. Specifieke reeksen van dergelijke tripletten programmeren de vorm en de structuur van alle levende wezens.

Kunnen we op een wetenschappelijke manier begrijpen hoe de *I Ching* werkt? We waren gefascineerd toen we merkten dat de reden dat alle veranderingen in het universum kunnen worden beschreven door de *I Ching*, Ba Gua en de vierenzestig verschillende situaties, juist is, omdat ons universum is ontstaan door de interactie van twee yin-yang paren. De twee yin-yang paren hebben vier elementen. Aangezien alle yin-yang interactie plaatsvindt door een element dat zich splitst in een ander yin-yang paar, zijn er in totaal 4 x 4 x 4 = 64 verschillende manieren van veranderingen. Deze vierenzestig manieren zijn alle mogelijke veranderingen in ons universum. Dit is de reden waarom de Ba Gua in de *I Ching* alle veranderingen in de wereld omvat.

Laten we de Tao wetenschap en de *I Ching* eens nader vergelijken. In de Tao wetenschap wordt ons universum gecreëerd door de interactie van twee yin-yang paren uit Tao. In de *I Ching wordt* het universum en alles en iedereen gecreëerd door het volgende proces:

Tai Ji Sheng Liang Yi
Tao creëert twee kanten.

Liang Yi Sheng Si Xiang
De twee kanten creëren vier beelden.

Si Xiang Sheng Ba Gua
Vier beelden creëren de Ba Gua, de acht symbolen die vierenzestig situaties voortbrengen.

Ba Gua Ding Ji Xiong
De Ba Gua bepalen of de situatie gunstig of gevaarlijk is.

Ji Xiong Cheng Da Ye
De gunstige en gevaarlijke situatie vervult de grote missie.

Het is interessant om te zien dat het creatieproces dat hierboven door de I *Ching wordt* beschreven, gelijk is aan de Tao yin-yang creatie van ons universum.

Eerst wordt er een yin-yang paar gecreëerd, het yin-yang paar van ruimte en tijd. Dit is liang yi, de twee kanten. (Liang betekent *twee*. Yi betekent *kant*.) Dan creëren ruimte en tijd elk een ander yin-yang paar, het yin-yang paar van insluiting en uitsluiting. (Zie afbeelding 12 op pagina 209.) Nu zijn er vier beelden gecreëerd. Deze vier beelden zijn de si xiang. (Si betekent *vier*. Xiang betekent *beeld*.) Uit deze vier beelden worden Ba Gua en in totaal vierenzestig verschillende manieren van veranderingen (de vierenzestig situaties) afgeleid. Deze vierenzestig verschillende veranderingen bepalen wat er in het universum gebeurt.

De *I Ching* wordt in China al meer dan vijfduizend jaar vereerd als de belangrijkste klassieker op het gebied van voorspelling, kosmologie en filosofie. Het onthult de diepgaande wijsheid dat, hoewel er ontelbare mogelijkheden bestaan in onze wereld en ons universum, er slechts vierenzestig verschillende manieren zijn om te veranderen. Deze vierenzestig manieren om te veranderen bepalen wat er in ons leven en onze wereld gebeurt. De *I Ching* biedt een eenvoudige en effectieve manier om alle mogelijke veranderingen in ons universum en ons leven te bestuderen. Het zal een belangrijke toepassing krijgen in de kosmologie, de deeltjesfysica en andere gebieden van de fysica en de wetenschap, zoals geneeskunde, economie, financiën, milieubescherming en toekomstige technologieën.

Vele culturen, tradities, filosofieën en ideologieën hebben zich de diepgaande waarheid gerealiseerd over de vier beelden die onze wereld en ons bestaan opbouwen. Het is bijvoorbeeld interessant om de overeenkomst op te merken tussen de si xiang (*vier beelden*) in *de I Ching*, de twee yin-yang paren in de Tao wetenschap, het wereldblad van de supersnaartheorie, het kruis in het Christendom, en het concept van de wereldboom in de mythologieën en folklore van Noord Azië en Siberië, evenals in de cultuur van de Maya's, de Azteken, Izapan, Mixteken, Olmeken en andere Meso-Amerikaanse culturen en inheemse culturen van Amerika. In de mythologie van de Samojeden bijvoorbeeld verbindt de wereldboom verschillende werkelijkheden (onderwereld, deze wereld, bovenwereld) met elkaar. In de Maya-cultuur belichaamden de wereldbomen de vier windrichtingen, die ook de viervoudige aard van een centrale wereldboom vertegenwoordigden, een symbolische *axis mundi* die de vlakken van de onderwereld en de hemel verbond met die van de aardse wereld. Verschillende tradities gebruiken verschillende woorden om dezelfde waarheid uit te drukken. De Tao wetenschap biedt een wetenschappelijke en mathematische manier om al deze oude wijsheid te begrijpen, te beschrijven en te verenigen.

Vijf Elementen Theorie en Tao wetenschap

De Vijf Elementen theorie speelt een cruciale rol in de traditionele Chinese geneeskunde en elk aspect van het leven in China. Deze wijsheid is ook bekend in andere landen, religies, geloofssystemen, culturen, en disciplines. De wijsheid van de Vijf Elementen vertelt ons dat alles en iedereen is opgebouwd uit vijf basiselementen: hout, vuur, aarde, metaal, en water. Elk van de Vijf Elementen is zelf een yin-yang paar. Bijvoorbeeld, het element hout bevat het yin element hout en het yang element hout.

Kan deze wijsheid wetenschappelijk verklaard worden? We kunnen *ja* antwoorden. Volgens de Tao wetenschap is ons universum geschapen door de interactie van twee yin-yang paren, die de "vier beelden" zijn. Deze vier beelden hebben een totaal van vierenzestig mogelijke manieren om te veranderen. Deze vierenzestig manieren kunnen worden uitgedrukt met vijf stukjes informatie ($2^5 = 32$) plus een yin-yang paar (32 x 2 = 64). Deze vijf stukjes informatie zijn de Vijf Elementen. Elk van de Vijf Elementen heeft yin en yang elementen. Hieruit kunnen we zien dat de Vijf Elementen theorie een eenvoudige en effectieve manier is om de verschillende veranderingen te begrijpen die bestaan in ons universum, onze wereld en ons leven.

De Vijf Elementen Theorie vertelt ons dat hoewel ons lichaam, ons leven, onze maatschappij, onze wereld en ons universum zeer gecompliceerd kunnen zijn, we ons slechts met Vijf Elementen hoeven bezig te houden. Zolang we de Vijf Elementen in balans kunnen brengen en ervoor kunnen zorgen dat ze goed functioneren, zal alles in orde zijn. Om iets te helen en te transformeren, hoeven we ons alleen maar op deze Vijf Elementen te richten. Wat een eenvoudige en diep wijze manier om onze gezondheid, levensduur, elk aspect van ons leven en de wereld te transformeren.

Er wordt zoveel nieuw onderzoek gepubliceerd dat het bijna onmogelijk is om op de hoogte te blijven van alle belangrijke ontwikkelingen en de algemene beweging en richtingen van de wetenschappelijke vooruitgang te begrijpen. Oude wijsheid ziet het grotere plaatje en bekijkt de dingen vanuit een breder en dieper perspectief. Zij begrijpt de essentie en de belangrijke punten van alles en iedereen.

Met dit wetenschappelijk begrip van de Vijf Elementen theorie, kan deze oude wijsheid in de toekomst wereldwijd een grotere toepassing vinden in gezondheid, geneeskunde, economie, fysica, biologie, politiek, milieubescherming, wereldvrede, relaties en meer.

Toepassing van de Wet van Tao Yin Yang Creatie in het dagelijks leven

Hoe kunnen we de Wet van Tao Yin Yang Creatie toepassen zodat het ons leven ten goede komt? Laten wij je enkele voorbeelden geven.

Makkelijk en moeilijk zijn een yin-yang paar. Makkelijk en moeilijk zijn tegenpolen. Ze zijn ook relatief, want iets kan gemakkelijk zijn voor jou, maar moeilijk voor anderen. Ze zijn samen gecreëerd, want telkens als je denkt dat iets gemakkelijk is, vergelijk je het met iets dat jij als moeilijk beschouwt. Gemakkelijk en moeilijk zijn onafscheidelijk omdat iets gemakkelijks niet kan bestaan zonder het te vergelijken met iets moeilijks. Het bestaan van makkelijke of moeilijke dingen hangt van elkaar af. Ze kunnen niet van elkaar gescheiden worden. Gemakkelijk en moeilijk zijn uitwisselbaar omdat iets wat gemakkelijk is moeilijk kan worden en iets wat moeilijk is gemakkelijk kan worden. Gemakkelijk en moeilijk kunnen verschillend lijken. Maar omdat ze samen gecreëerd, onafscheidelijk, relatief en uitwisselbaar zijn, zijn het slechts verschillende aspecten van één ding. Zij zijn één.

Binnen alles, iedereen en elke situatie, zijn er twee aspecten, yin en yang. Laten we verder gaan met het bestuderen van het gemakkelijk-moeilijk yin-yang paar om een dieper begrip te krijgen. Niets is alleen maar gemakkelijk. Niets is alleen maar moeilijk. Er zijn altijd gemakkelijke en moeilijke aspecten tegelijkertijd aanwezig in alles, iedereen en elke situatie. Wanneer je denkt dat je iets gemakkelijks creëert, creëer je tegelijkertijd het moeilijke aspect. Het gemakkelijke en het moeilijke gaan hand in hand. Als je alleen het makkelijke aspect ziet zonder aandacht te besteden aan het moeilijke, zal het je problemen opleveren. Als je alleen de moeilijkheid onderkent en niet nadenkt over het bedenken van een gemakkelijke oplossing, zul je ook vast komen te zitten.

Slechts één kant kennen en niet de twee kanten van alles en iedereen is de oorzaak van de meeste problemen en uitdagingen in ons leven. Sommige mensen willen alleen goede dingen in hun leven, ze weigeren het negatieve aspect te accepteren. Deze houding is in strijd met de yin yang wet. Het kan hen gefrustreerd maken, ongezond maken en zelfs tot de dood leiden.

Voor een goede gezondheid, bijvoorbeeld, kennen mensen de voordelen van goede voeding. Maar ze beseffen niet dat te veel voeding

schadelijk kan zijn. Onevenwichtigheden in de voeding zijn een belangrijke oorzaak van veel ziekten. Momenteel is overvoeding een
groot probleem dat ziekte veroorzaakt op Moeder Aarde. Veel mensen nemen veel te veel voedingsstoffen in. Hun lichaam kan deze
voedingsstoffen niet goed verteren en absorberen. Ze verliezen het
yin-yang evenwicht.

Fruit eten is goed voor de gezondheid, maar als iemand alleen fruit
eet en dus een fruitariër wordt, kan hij ziek worden.

Sommige mensen geloven dat lichaamsbeweging goed is voor de gezondheid. Ze vergeten misschien dat te veel lichaamsbeweging schadelijk kan zijn. Dit is de reden dat sommige atleten een kort leven
hebben.

Sommige mensen geloven dat meditatie heilzaam is. Ze zitten en mediteren serieus, maar ze verwaarlozen beweging. Deze onevenwich-
tigheid kan schade toebrengen aan hun fysieke, emotionele, mentale
en spirituele gezondheid.

Volgens de traditionele Chinese geneeskunde is men niet ver van de
dood als men te yin of te yang is. Vasthouden aan één ding, één manier, één aspect, één absoluut principe kan schade toebrengen aan
iemands gezondheid en zelfs iemands leven in gevaar brengen.

Weten dat er altijd twee kanten, yin en yang, aan alles en iedereen
zitten en dat yin en yang in evenwicht moeten zijn, zal helpen alle
problemen in ons leven, onze samenleving en onze wereld op te lossen. De weg naar gezondheid en een lang leven is om zowel de yin
als de yang aspecten in alles te zien en yin en yang in evenwicht te
brengen.

We zouden onze voeding in evenwicht moeten brengen. We zouden
beweging en stilte in evenwicht moeten brengen. We zouden inspan-
ning en rust in evenwicht moeten brengen. We zouden werk en ont-
spanning in evenwicht moeten brengen. We zouden een evenwicht

moeten vinden tussen eenzaamheid en gezelligheid. We zouden binnen- en buitenactiviteiten in evenwicht moeten brengen. We zouden vrouwelijke en mannelijke energie in evenwicht moeten brengen. We zouden geven en ontvangen in evenwicht moeten brengen. We zouden elk aspect van ons leven in evenwicht moeten brengen.

Je kunt de Wet van Tao Yin Yang Creatie toepassen om je kinderen op te voeden. In dit geval zijn liefde en discipline het yin-yang paar. Zowel liefde als discipline spelen een belangrijke rol in het helpen groeien van kinderen. Het in evenwicht brengen van liefde en discipline is cruciaal voor de ontwikkeling van je kinderen. De Wet van Tao Yin Yang Creatie leert ons hoe we kinderen moeten liefhebben en disciplineren. Als je je kinderen discipline wilt bijbrengen, doe het dan met liefde. Wanneer je liefde geeft aan je kinderen, vergeet dan niet om je kinderen met discipline lief te hebben. Op deze manier kun je je kinderen helpen op een gezondere manier te groeien.

Het is belangrijk de Wet van Tao Yin Yang Creatie toe te passen op milieubescherming en economische ontwikkeling. Mensen en landen streven naar economische groei, maar vergeten soms het milieu lief te hebben, te eren en te respecteren. Dit heeft schade en rampen veroorzaakt voor het milieu en voor de mensen. Aan de andere kant, als we alleen denken aan het beschermen van het milieu zonder na te denken over hoe we mensen kunnen helpen hun leven te verbeteren, kan dit ook negatieve effecten hebben. De Wet van Tao Yin Yang Creatie leert ons dat wanneer we de economie ontwikkelen, we ervoor moeten zorgen dat we dit doen op een manier die gunstig is voor het milieu. Wanneer we het milieu beschermen, moeten we het beschermen op een manier die de economie helpt groeien. Als we dit doen, kan er welvaart en harmonie komen voor de mensheid en Moeder Aarde. Je kunt je afvragen of het mogelijk is om zowel economische groei als milieubescherming te hebben. Het antwoord is *ja*. Er zijn vele manieren om dit te doen. Waarom kunnen we het nu niet doen? Dat komt niet door het ontbreken van een oplossing, maar eerder door onwetendheid en hebzucht. Wanneer we de Wet van Tao

Yin Yang Creatie volgen en wijze actie ondernemen, is het mogelijk om het milieu te beschermen *en* de economie te laten groeien.

Samengevat, we leven in de yin yang wereld. De Wet van Tao Yin Yang Creatie vertelt ons het volgende:

- Alles en iedereen heeft zowel yin als yang aspecten. Yin en yang zijn tegengesteld, relatief, samen gecreëerd, onafscheidelijk en onderling uitwisselbaar. Yin en yang lijken twee verschillende dingen te zijn, maar het zijn slechts aspecten van één ding.

- Alles en iedereen in het bestaan is ontstaan door yin-yang interactie.

- Yin yang is het universele basiselement en de drijvende kracht achter alle creatie en verandering in het universum.

Om succes, vrede en harmonie te hebben, is het belangrijk om de Wet van Tao Yin Yang Creatie in ons leven toe te passen door het volgende te doen:

- Herken zowel het yin als het yang aspect in iedereen, in alles en in elke situatie.

- Eer, waardeer en houd van zowel yin als yang.

- Breng yin en yang in evenwicht.

Pas de Wet van Tao Yin Yang Creatie toe op de uitdagingen en moeilijkheden in je leven. Herken de yin en yang aspecten van je probleem. Begin aandacht te besteden aan beide aspecten. Vind de manier om de twee aspecten in evenwicht te brengen. Als je dit doet, ben je op weg om je moeilijkheden op te lossen en liefde, vrede en harmonie in je leven te brengen.

Is onze wereld een illusie?

Wij manifesteren ons universum. Onze eigen actie van het meten van ruimte en tijd, evenals de actie van insluiting en uitsluiting manifesteren ons universum. Als wij onze actie veranderen, zal het universum dat wij waarnemen dienovereenkomstig veranderen. In die zin is de wereld een illusie. Zij heeft een grote flexibiliteit in plaats van echte soliditeit. Toen Boeddha verlichting kreeg terwijl hij onder een bodhiboom zat, realiseerde hij zich dat de fysieke werkelijkheid gemanifesteerd wordt door onze eigen actie. Onze actie is de bron van onze fysieke werkelijkheid. Boeddha leerde de mensen door de illusie heen te kijken en zich niet te hechten aan de fysieke werkelijkheid.

Aan de andere kant bestaat onze wereld wel degelijk, in de zin dat als je detectoren opstelt om de trillingen van deze wereld te detecteren, je die trillingen zult vinden. Deze trillingen bestaan echt. Onze fysieke werkelijkheid bestaat echt in die zin. Sterker nog, onze fysieke werkelijkheid is belangrijk voor ons bestaan. Via het fysieke rijk leren wij onze karmische lessen en krijgen wij de kans om onze ziel, hart, geest en lichaam naar hogere niveaus te brengen. De fysieke werkelijkheid is niet alleen essentieel voor ons fysieke bestaan, maar ook voor onze spirituele groei. Echter, niets van onze fysieke werkelijkheid, zelfs niet de spirituele beelden die we kunnen zien, is Tao, Boeddha of ons ware zelf. Zij zijn niet de ultieme waarheid. Wij zouden ons er niet aan moeten hechten.

Binnen de leegte van Tao bestaan alle mogelijke vibraties. Het bestaan van deze vibraties is niet afhankelijk van onze eigen handelingen. Echter de trillingen binnen de leegte die worden waargenomen of gemanifesteerd hangen wel af van onze handelingen. De werkelijkheid die wij ervaren hangt af van onze ziel, hart en geest. Daarom heeft onze werkelijkheid, net als al het andere, twee aspecten. Het is zowel een illusie als een waar bestaan. Beide kanten van onze werkelijkheid zien, zal ons helpen hogere niveaus van verlichting en vrijheid te bereiken. Wanneer we ongebonden kunnen blijven aan het fysieke rijk en onze fysieke realiteit kunnen gebruiken als een instrument om onze ziel, hart, geest en lichaam te zuiveren, te openen, te ontwikkelen en vooruit te helpen en ook om onze spirituele reis te dienen, kunnen we ons fysieke bestaan, onze ziel, ons hart en onze geest terug naar de Bron brengen.

Voorbij Yin en Yang

Met behulp van yin yang elementen manifesteren wij onze fysieke werkelijkheid, de yin yang wereld. Door yin yang elementen in evenwicht te brengen, bereiken we gezondheid, welvaart, schoonheid en vrede. Als we verder gaan dan yin yang, gaan we terug naar de Bron, Tao.

Tao is de Bron. Tao bevat oneindige informatie, energie en materie.

De natuurwetten die in de wetenschap worden onderwezen zijn de wetten van de yin yang wereld. Voorbij yin en yang gaan, is teruggaan naar Tao. Teruggaan naar Tao is niet langer beperkt worden door deze natuurwetten. We kunnen de zwaartekracht overstijgen en zweven. We kunnen de cycli van ruimte en tijd overstijgen en re-incarnatie stoppen.

Voorbij yin en yang gaan, wat terugkeren naar de Bron is, kan alle mogelijkheden voor ons openen. We worden één met alle krachten, alle wijsheid en de hele schepping. Eeuwig leven is mogelijk. We zullen de ultieme gelukzaligheid en vrijheid hebben in elk moment. Dit is de staat van ultieme verlichting en onsterfelijkheid. Terugkeren naar Tao en de staat van ultieme verlichting en onsterfelijkheid bereiken is het doel voor alle wezens. Hoewel het heel gemakkelijk gezegd is, is het verre van gemakkelijk te bereiken. Het is echter zeker mogelijk voor iedereen. Tao wetenschap is de wetenschap van verlichting en onsterfelijkheid. We kijken ernaar uit om de verdere ontwikkeling van de wetenschap van verlichting en onsterfelijkheid in toekomstige boeken te presenteren.

Om voorbij yin en yang te gaan, is het cruciaal en essentieel om de Wet van Shen Qi Jing te begrijpen, de grote eenwordingsformule, de Wet van Karma, en de Wet van Tao Yin Yang Creatie. Wij wensen dat jij, beste lezer, en alle wezens de hoogste vervulling, de ultieme verlichting en onsterfelijkheid bereiken.

.

Conclusie

TAO WETENSCHAP IS nu gecreëerd.

Natuurkunde is het fundament van de natuurwetenschap. We hebben de belangrijkste mijlpalen van de klassieke natuurkunde bekeken, waaronder de Newtoniaanse mechanica, thermodynamica, optica en elektromagnetisme, en van de moderne natuurkunde, waaronder de speciale en algemene relativiteit van Einstein, de kwantumfysica, astrofysica, deeltjesfysica, de snaartheorie en de zoektocht naar de theorie van alles.

Tao wetenschap is een doorbraak voor de wetenschap om de volgende redenen:

- Tao wetenschap verklaart op een wetenschappelijke manier de oude diepe wijsheid van shen qi jing. In de Tao wetenschap definiëren we shen op wetenschappelijke wijze als informatie. We laten zien dat shen ziel, hart en geest omvat. Qi is energie. Jing is materie. Ziel, hart en geest zijn de drie aspecten van informatie. Ziel is de inhoud van informatie. Hart is de ontvanger van informatie. Geest is de verwerker van informatie. Tao wetenschap definieert energie als de vervoerder omdat het een actie mogelijk maakt. Materie is het fysieke bestaan. Materie is ook de transformator. Elk aspect van het leven bestaat uit informatie, energie en materie. Het doel van het leven is om positieve informatie te versterken en iemands ziel, hart en geest te transformeren. De fysieke werkelijkheid, die materie is, helpt om iemands positieve informatie te vergroten en iemands ziel, hart en geest naar een hoger niveau te brengen. Daarom kunnen we materie ook definiëren als de transformator.

- Tao wetenschap legt Tao Normale Creatie uit, die verklaart hoe het universum is gevormd en Tao Terugkerende Creatie, die verklaart hoe het universum zich ontwikkelt en eindigt.

- Tao wetenschap legt uit dat Tao Eenheid oneindig hoogste, zuiverste informatie, energie en materie bevat, zoals gemeten door negatieve entropie. Deze hoogste, zuiverste informatie, energie en materie kan alle soorten negatieve informatie, energie en materie, zoals gemeten door entropie, in elk aspect van het leven zuiveren en transformeren.

- Tao wetenschap legt karma wetenschappelijk uit. Karma wordt onderverdeeld in positief karma en negatief karma. Positief karma is positieve informatie, energie en materie. Negatief karma is negatieve informatie, energie en materie.

- Waarom is er voor veel ziektes geen oplossing of niet voldoende oplossing? Waarom zijn er vele uitdagingen in relaties, financiën en elk aspect van ons leven, waarvoor geen volledige oplossing bestaat?

Tao wetenschap legt uit dat de kernblokkades voor uitdagingen in elk aspect van het leven negatief karma zijn, inclusief negatieve informatie, energie en materie. Het transformeren van negatieve informatie, energie en materie naar positieve informatie, energie en materie is de meest belangrijke transformatie.

Deze wetenschappelijke bevindingen en verklaringen kunnen een doorbraak betekenen voor de wetenschap, geneeskunde, gezondheid, relaties, financiën, zaken, economie, politiek en elk aspect van het leven.

Wij hebben deze wijsheid uiteengezet in hoofdstuk tien
over de Wet van Karma.

- Tao wetenschap verklaart de oude diepe wijsheid dat yin-
yang interactie alles en iedereen creëert. We hebben deze
wijsheid uitgelegd in hoofdstuk elf over de Wet van Tao Yin
Yang Creatie.

- Tao wetenschap creëert en verklaart de Grote Eenwordingstheorie en praktijk. Het biedt de wetenschappelijke formule
van grote eenwording: S + E + M = 1. In hoofdstuk zeven hebben we praktische technieken gedeeld om S + E + M = 1 toe te
passen om gezondheid te transformeren, om te verjongen,
het leven te verlengen, en om vooruitgang te boeken op het
pad naar onsterfelijkheid.

In de boodschappen en informatie die wij van Tao Bron hebben ontvangen, bevat de Tao Kalligrafie Tao Chang donkere energie en donkere materie in ontelbare planeten, sterren, sterrenstelsels en
universa, wat de "bestaanswereld" is (de You-wereld in Mandarijn
Chinees). De moderne wetenschap is er niet in geslaagd deze donkere materie en donkere energie te verklaren.

Wij delen een aanvullende wijsheid die niet te bevatten consequen-
ties heeft: binnen een Tao Kalligrafie Tao Chang bevinden zich informatie, energie en materie die de bestaanswereld te boven gaan. Dit
gebied is de Wu-wereld of "wereld van de leegte". In deze Tao Eenheid Wu-wereld is er Wu-wereld donkere energie en Wu-wereld
donkere materie. We zullen meer van deze wijsheid presenteren in
toekomstige boeken en artikelen.

De Tao wetenschap deelt een nieuw begrip van de universele wetten.
Wij wensen dat de wijsheid in dit boek zal helpen bij de ontwikkeling
van vele heilzame moderne technologieën en vele nieuwe manieren
zal creëren om gezondheid en geluk aan de mensheid te brengen en

een Liefde Vrede Harmonie Wereld-Familie te creëren voor de mensheid en Moeder Aarde, en een Liefde Vrede Harmonie Universele Familie voor ontelbare planeten, sterren, sterrenstelsels en universa.

Ik houd van mijn hart en ziel
Ik houd van de hele mensheid
Breng harten en zielen samen
Liefde, vrede en harmonie
Liefde, vrede en harmonie

Dankwoord

WE BEDANKEN uit de grond van ons hart de geliefde honderdelf heiligen van het Comité van de Hemelse Tao Wetenschap en het Comité van het Hemelse Soul Mind Body Science System die dit boek via ons hebben doorgegeven. Wij hebben dit hele boek vanuit hen door ons heen laten stromen, terwijl zij boven ons hoofd waren, en zijn. Wij zijn zo vereerd hun dienaren te zijn. Wij zijn zo vereerd om dienaren te zijn van de mensheid en alle zielen. Wij zijn eeuwig dankbaar.

Wij danken uit de grond van ons hart de Divine en Tao.

Master Sha dankt uit de grond van zijn hart al zijn geliefde spirituele vaders en moeders, inclusief Dr. en Master Zhi Chen Guo. Dr. en Master Zhi Chen Guo was de grondlegger van Body Space Medicine en Zhi Neng Medicine. Hij was een van de krachtigste spirituele leiders, leraren en genezers in de wereld. Hij leerde Master Sha de diepe wijsheid, kennis en praktische technieken van ziel, geest en lichaam. Master Sha kan hem niet genoeg eren en bedanken.

Master Sha dankt uit de grond van zijn hart Professor Liu Da Jun, 's werelds leidende *I Ching* en feng shui autoriteit aan de Shandong Universiteit in China. Professor Liu heeft Master Sha de diepgaande geheimen van de *I Ching* en feng shui geleerd. Master Sha kan hem niet genoeg eren en bedanken.

Master Sha dankt uit de grond van zijn hart Dr. en Professor Liu De Hua. Hij is arts en was professor aan de universiteit in China. Hij is de 372ste-generatie lijnhouder van de Chinese "Lang Leven Ster," Peng Zu. Peng Zu was de leraar van Lao Zi, de auteur van *Dao De Jing*. Professor Liu De Hua heeft Master Sha de geheimen, wijsheid, kennis en praktische technieken van een lang leven geleerd. Master Sha kan hem niet genoeg eren en bedanken.

Wij danken uit de grond van ons hart Lao Zi, Fu Xi, A Mi Tuo Fo, Shi Jia Mo Ni Fo, Ling Hui Sheng Shi, Da Shi Zhi, Babaji, de Maya-heiligen, en vele andere heiligen en boeddha's.

Master Sha dankt ook zijn geliefde heilige meesters en leraren die anoniem wensen te blijven. Zij hebben hem de diepe wijsheid van Xiu Lian (zuiveringsbeoefening) en Tao geleerd. Zij zijn uiterst nederig en krachtig. Zij hebben hem geheimen van onschatbare waarde, wijsheid, kennis, en praktische technieken geleerd, maar zij willen geen erkenning. Master Sha kan hen niet genoeg eren en bedanken.

Wij danken uit de grond van ons hart onze fysieke vaders en moeders en al onze voorouders. We kunnen onze fysieke vaders en moeders niet genoeg eren. Hun liefde, zorg, compassie, zuiverheid, vrijgevigheid, vriendelijkheid, integriteit, vertrouwen en nog veel meer hebben ons hart en ziel voor altijd beïnvloed en geraakt. We kunnen hen niet genoeg bedanken.

Wij danken uit de grond van ons hart onze literair agent, William Gladstone, voor zijn ongelooflijke bijdrage en onbaatzuchtige steun. We kunnen hem niet genoeg bedanken.

Wij danken uit de grond van ons hart de hoofdredacteur, Master Allan Chuck, voor zijn uitstekende redactie van dit boek en van bijna alle andere boeken van Master Sha. Hij is een van Master Sha's Wereldwijde Vertegenwoordigers. Hij heeft een enorme bijgedrage geleverd aan de missie en zijn onvoorwaardelijke universele dienstbaarheid is een van de grootste voorbeelden voor allen. We kunnen hem niet genoeg bedanken.

Wij danken uit de grond van ons hart de senior redacteur van Heaven's Library Publication Corp., Master Elaine Ward, voor haar uitstekende uitgave van dit boek en van de meeste andere boeken van

Master Sha. Zij is ook een van Master Sha's Wereldwijde Vertegen-woordigers. We danken haar zeer voor haar grote bijdrage aan de missie. We kunnen haar niet genoeg bedanken.

Wij danken uit de grond van ons hart Master Lynda Chaplin, ook een van Master Sha's Wereldwijde Vertegenwoordigers. Zij ver-zorgde de opmaak en lay-out van het boek, hielp bij het maken van de afbeeldingen in dit boek en veel van mijn andere boeken en was de proeflezer van dit boek. We zijn haar zeer dankbaar. We kunnen haar niet genoeg bedanken.

Wij danken uit de grond van ons hart Master Francisco Quintero, een van Master Sha's Wereldwijde Vertegenwoordigers, voor het ont-vangen van Hemelse leiding over het ontwerp van de omslag van het boek. Hij heeft enorm bijgedragen aan de missie met zijn spiritu-ele kanalen, zijn onderwijsbekwaamheden en nog veel meer. We kunnen hem niet genoeg bedanken.

Wij danken uit de grond van ons hart Master Henderson Ong, ook een van Master Sha's Wereldwijde Vertegenwoordigers, voor het ontwerpen van de omslag en het maken van veel van de afbeeldin-gen in dit boek. Hij heeft enorm bijgedragen aan de missie met zijn artistieke kwaliteiten en meer. We kunnen hem niet genoeg bedan-ken.

Wij danken uit de grond van ons hart Master Sha's assistente, Master Cynthia Marie Deveraux, een van Master Sha's Wereldwijde Verte-genwoordigers en een van zijn twee Lineage Holders. Zij heeft een van de grootste bijdragen geleverd aan de missie. We kunnen haar niet genoeg bedanken.

Wij danken uit de grond van ons hart Master Marilyn Tam, de zake-lijk leider van Master Sha's organisatie en een van Master Sha's We-reldwijde Vertegenwoordigers. Haar leiderschap heeft een van de grootste bijdragen geleverd aan de uitgave van dit boek en aan de missie in het algemeen. We kunnen haar niet genoeg bedanken.

Wij danken uit de grond van ons hart Master Maya Mackie, een van de spirituele en zakelijke topleiders van de missie, een van Master Sha's Wereldwijde Vertegenwoordigers en een van zijn twee Lineage Holders. Haar liefde, steun en leiderschap hebben een van de grootste bijdragen geleverd aan de publicatie van dit boek en aan de missie in het algemeen. We kunnen haar niet genoeg bedanken.

Wij danken uit de grond van ons hart alle leiders en leden van Master Sha's business team voor hun geweldige bijdrage en onvoorwaardelijke dienstbaarheid aan de missie. We zijn diep dankbaar. We kunnen hen niet genoeg bedanken.

We danken uit de grond van ons hart alle Wereldwijde Vertegenwoordigers van Master Sha. Zij zijn Master Teachers, dienaren van de mensheid, en dienaren, voertuigen en kanalen van de Divine. Zij hebben een ongelooflijke bijdrage geleverd aan de missie. We danken hen allen zeer. We kunnen hen niet genoeg bedanken.

Wij danken uit de grond van ons hart de bijna zevenduizend Divine Healing Hands Practitioners en Tao Hands Practitioners wereldwijd voor hun grote helende dienstbaarheid aan de mensheid en alle zielen. We zijn diep geraakt en ontroerd. Zij hebben gehoor gegeven aan de divine oproep om te dienen. Wij danken hen allen zeer.

Wij danken uit de grond van ons hart de Tao Kalligrafie Practitioners, Soul Teachers en Practitioners, Tao Song en Tao Dance Practitioners en Soul Operation Master Practitioners wereldwijd voor hun grote bijdragen aan de missie. We zijn diep geraakt en ontroerd. We kunnen hen niet genoeg bedanken.

Wij danken uit de grond van ons hart alle studenten van Master Sha wereldwijd voor hun grote bijdrage aan de missie om de mensheid en alle zielen te dienen. We kunnen hen niet genoeg bedanken.

Master Sha dankt uit de grond van zijn hart zijn familie, waaronder zijn vrouw, zijn ouders, zijn kinderen, zijn broer en zusters en meer.

Ze hebben hem allemaal onvoorwaardelijk hun liefde gegeven en hem gesteund. Master Sha kan hen niet genoeg bedanken.

Dr. Rulin Xiu dankt uit de grond van haar hart haar spirituele vader en leraar, de grondlegger van de Tao wetenschap, Dr. en Master Zhi Gang Sha. Ze kan hem niet genoeg bedanken dat hij haar heeft uitgekozen om hem te steunen. Ze kan hem niet genoeg bedanken dat hij haar heeft gezegend en bekrachtigd met wijsheid, oefeningen, kracht, verbinding en grote en krachtige teams zowel in de Hemel als op Moeder Aarde, om haar te steunen in het onderzoek van de Tao wetenschap. Ze wil haar grootste dankbaarheid uitspreken voor zijn oneindige liefde, vergevingsgezindheid en compassie voor haar.

Dr. Rulin Xiu dankt uit de grond van haar hart haar proefschriftbegeleider en mentor, Mary K. Gaillard en vele andere natuurkundigen. Zij hebben haar onderwezen en met haar samengewerkt aan de Grote Eenheidstheorie. Hun onderwijs en samenwerking zijn van onschatbare waarde geweest voor haar en voor dit boek.

Dr. Rulin Xiu dankt uit de grond van haar hart haar lerares Chinees op de middelbare school, Fan Xi Lin, voor haar liefde, zorg, onderwijs, vertrouwen en geloof in haar.

Dr. Rulin Xiu dankt uit de grond van haar hart de Soul Mind Body Science System teamleiders, Kris Young, Master Janet Potts en Marsha Valutis voor hun onvoorwaardelijke liefde, steun en dienstbaarheid.

Dr. Rulin Xiu dankt uit de grond van haar hart alle teamleden in de Hemel en op Moeder Aarde voor hun liefde, bescherming, steun en dienstbaarheid om de Tao wetenschap te creëren en te verspreiden.

Dr. Rulin Xiu bedankt uit de grond van haar hart Hua Feng Tian, die haar leven heeft gered.

Dr. Rulin Xiu dankt uit de grond van haar hart haar familie, waaronder haar moeder, vader, zus, broer, zwager en schoonzus voor hun onvoorwaardelijke liefde, vertrouwen, geloof, steun en opoffering voor haar.

Dr. Rulin Xiu dankt ook haar zwager Bin He en zuster Ruhong voor het zorgen voor een mooie kamer, voedsel, kleding, een auto en financiële steun voor het schrijven van dit boek.

Dr. Rulin Xiu dankt uit de grond van haar hart haar geboorteland China voor het voortbrengen van diepgaande wijsheid voor de mensheid.

Dr. Rulin Xiu dankt uit de grond van haar hart de Aloha-staat Hawaii voor het brengen van haar spiritueel ontwaken.

Wij danken uit de grond van ons hart alle landen voor ieders bijzondere en unieke wijsheid. Wij danken uit de grond van ons hart Moeder Aarde en ontelbare planeten, sterren, sterrenstelsels en universa voor hun wijsheid, voeding, liefde en schoonheid.

Laat dit boek de mensheid en Moeder Aarde dienen door hen te helpen deze moeilijke tijd in deze historische periode door te komen. Laat dit boek de mensheid dienen met Tao wijsheid, verlichting, healing, verjonging, vrijheid, gelukzaligheid, een lang leven en onsterfelijkheid.

Laat dit boek de eenwording dienen van geneeskunde, wetenschap, spiritualiteit, relaties, financiën en elk aspect van het leven als Eén.

Laat dit boek liefde, vrede en harmonie brengen aan de mensheid, Moeder Aarde, en alle zielen op ontelbare planeten, sterren, sterrenstelsels en universa.

Laat dit boek ten dienste staan van de Liefde Vrede Harmonie Wereld-Familie en de Liefde Vrede Harmonie Universele Familie.

Laat dit boek jouw Tao reis dienen en de Tao reis van de mensheid.

Wij zijn zeer vereerd dat wij dienaren mogen zijn van jou, van de mensheid en alle zielen.

We houden van je. We houden van je. We houden van je.

Dank je. Dank je. Dank je.

Ik houd van mijn hart en ziel
Ik houd van de hele mensheid
Breng harten en zielen samen
Liefde, vrede en harmonie
Liefde, vrede en harmonie

Bibliografie

Becker, Katrin, Becker, Melanie, and Schwarz, John. *String Theory and M-Theory: A Modern Introduction*. Cambridge: University Press, 2007.

Dine, Michael. *Supersymmetry and String Theory: Beyond the Standard Model*. Cambridge: University Press, 2007.

Green, Michael, Schwarz, John H., and Edward Witten. *Superstring Theory*. Cambridge: University Press, Vol. 1: Introduction, 1987.

Green, Michael, Schwarz, John H., and Edward Witten. Cambridge: University Press, Vol. 2: *Loop Amplitudes, Anomalies and Phenomenology*, 1987.

Polchinski, Joseph. *String Theory*. Cambridge: University Press, Vol. 1: *An Introduction to the Bosonic String*, 1998.

Polchinski, Joseph. *String Theory*. Cambridge: University Press, Vol. 2: *Superstring Theory and Beyond*, 1998.

Dr. and Master Zhi Gang Sha and Dr. Rulin Xiu. *Soul Mind Body Science System: Grand Unification Theory and Practice for Healing, Rejuvenation, Longevity, and Immortality*. (Dallas/Toronto: BenBella Books/Heaven's Library Publication Corp., 2014).

Dr. Zhi Gang Sha and Dr. Rulin Xiu. *"Explanation of Large-Scale Anisotropy and Anomalous Alignment from Universal Wave Function Interpretation of String Theory,"* Reports in Advances of Physical Sciences, Vol. 1, No. 3, 1750012 (9 blz.), oktober 2017.

Dr. Zhi Gang Sha and Dr. Rulin Xiu. *"Inflation Scheme Derived from Universal Wave Function Interpretation of String Theory,"* Journal of Physical Science and Application, 7 (4): 33–37, juni 2017.

Dr. Zhi Gang Sha and Dr. Rulin Xiu. *"Dark Energy and Estimate of Cosmological Constant from String Theory,"* Journal of Astrophysics & Aerospace Technology, 5 (1): 141, mei 2017.

Dr. Zhi Gang Sha and Dr. Rulin Xiu. *"Space, Time, and the Creation of Universe,"* Filosofie Studie, Vol. 7, No. 2, 66–75, april 2017.

Dr. Zhi Gang Sha and Dr. Rulin Xiu. *"Soul Mind Body Science and Parapsychology,"* Watkins' Mind Body Spirit Magazine, november 2015.

Dr. Zhi Gang Sha and Dr. Rulin Xiu. *"Can Spirit, Heart, Geest, and Consciousness Be Defined Scientifically?,"* Watkins' Mind Body Spirit Magazine, mei 2015.

Selectie van andere boeken van Dr. en Master Sha

Soul Mind Body Medicine: A Complete Soul Healing System for Optimum Health and Vitality. (Vert.: *Een compleet Soul Healing Systeem voor optimale gezondheid en vitaliteit.*) New World Library, 2006.

Soul Wisdom: Practical Soul Treasures to Transform Your Life. (Vert.: *Praktische zielenschatten om je leven te transformeren.*) Heaven's Library Publication Corp./Atria Books, 2008.

Soul Communication: Opening Your Spiritual Channels for Success and Fulfillment. (Vert.: *Het openen van je spirituele kanalen voor succes en vervulling.*) Heaven's Library Publication Corp./Atria Books, 2008.

The Power of Soul: The Way to Heal, Rejuvenate, Transform, and Enlighten All Life. (Vert.: *De weg naar healing, verjonging, transformatie en verlichting van al het leven.*) Heaven's Library Publication Corp./Atria Books, 2009.

Divine Soul Mind Body Healing and Transmission System: The Divine Way to Heal You, Humanity, Mother Earth, and All Universes. (Vert.: *De divine manier om jezelf, de mensheid, Moeder Aarde en alle universa te helen.*) Heaven's Library Publication Corp./Atria Books, 2009.

Soul Healing Miracles: Ancient and New Sacred Wisdom, Knowledge, and Practical Techniques for Healing the Spiritual, Mental, Emotional, and Physical Bodies. (Vert.: *Oude en nieuwe diepe wijsheid, kennis en praktische technieken voor healing van het spirituele, mentale, emotionele en fysieke lichaam.*) Waterside Productions/Heaven's Library Publication Corp, 2019.

Soul Mind Body Science System: Grand Unification Theory and Practice for Healing, Rejuvenation, Longevity, and Immortality. (Vert.: *Grote Eenwordingstheorie en praktijk voor healing, verjonging, een lang leven en onsterfelijkheid.*) Heaven's Library Publication Corp./BenBella Books, 2014.

Over Master Sha

Gladstone, William, *Dr. and Master Sha: Miracle Soul Healer.* BenBella Books, 2014.

www.ingramcontent.com/pod-product-compliance
Lightning Source LLC
Chambersburg PA
CBHW060333200326
41519CB00011BA/1923